国家电网
STATE GRID

国网北京市电力公司
STATE GRID BEIJING ELECTRIC POWER COMPANY

地区电网调度控制

管理规程

国网北京市电力公司　发布

U0261302

中国电力出版社
CHINA ELECTRIC POWER PRESS

图书在版编目（CIP）数据

地区电网调度控制管理规程／国网北京市电力公司发布．—北京：中国电力出版社，2019.7（2021.7重印）

ISBN 978-7-5198-3343-5

Ⅰ．①地… Ⅱ．①国… Ⅲ．①地区电网—电力系统调度—技术操作规程 Ⅳ．① TM727.2-65

中国版本图书馆 CIP 数据核字（2019）第 135096 号

出版发行：中国电力出版社
地　　址：北京市东城区北京站西街 19 号（邮政编码 100005）
网　　址：http://www.cepp.sgcc.com.cn
责任编辑：王春娟　陈　倩（010-63412512）
责任校对：黄　蓓　李　楠
装帧设计：赵丽媛
责任印制：石　雷

印　　刷：北京九州迅驰传媒文化有限公司
版　　次：2019 年 7 月第一版
印　　次：2021 年 7 月北京第三次印刷
开　　本：850 毫米 ×1168 毫米　32 开本
印　　张：5.375
字　　数：132 千字
印　　数：5101—5600 册
定　　价：24.00 元

《地区电网调度控制管理规程》
编 委 会

批　准　刘润生

复　审　徐　驰　祝秀山

审　核　唐涛南　焦建林　李　杰　赵　瑞

编写人员　刘　辉　周运斌　金广厚　孙伯龙　薛建杰

董　宁　刘　洋　杨　静　王志勇　张印宝

张　迪　王兴存　王　卫　李　昕　黄　烁

杨　霖　杨　威　徐　震　王　硕　肖　阳

马光耀　聂卫刚　吉　正　沙立成　孙鹤林

李晓松　李英昊　李偈旸　王　凌　纪　欣

徐　浩　王　波　田宇晨　管树威　李　涛

张辰达　田晓雷　陆春政　唐萌聪　王腾飞

王钰溪　郇凯翔　蔡正梓　王泽众　樊　亮

李　聪　胡　浩　王　冰

国网北京市电力公司关于印发《北京电网调度控制管理规程》及《地区电网调度控制管理规程》的通知

京电调〔2019〕号

各供电公司，检修公司，电缆公司，信通公司，北京电力工程公司，北京经研院，北京电科院，客服中心，城市照明中心，北京市供用电建设承发包公司，各发电厂，各电力客户，国网冀北电力调度控制中心：

为适应北京电网快速发展的新形势和新要求，根据《中华人民共和国电力法》《电网调度管理条例》《电力监管条例》《国家电网调度控制管理规程》等法律、法规、规程，国网北京市电力公司组织编制了《北京电网调度控制管理规程》及《地区电网调度控制管理规程》，现予以印发。

本规程自 2019 年 5 月 1 日起执行，原《北京电网调度管理规程》及《地区电网调度管理规程》（京电调〔2011〕43 号）、《北京电网调度管理规程补充规定的通知》（京电调〔2014〕4 号）同时废止。

北京电网内各发供用电单位印发的规程、规定及现场运行规程应符合本规程规定并不得与本规程相抵触。各单位要认真组织好本规程的学习和宣贯工作，确保相关人员在工作中严格执行。

　　附件：1.《北京电网调度控制管理规程》
　　　　　2.《地区电网调度控制管理规程》
　　　　　3.《北京电网调度控制管理规程》及《地区电网调
　　　　　度控制管理规程》修订说明

国网北京市电力公司

2019 年 3 月 19 日（印）

目　录

1 总 则

1.1 本规程以《中华人民共和国电力法》《电网调度管理条例》《电力监管条例》及上级调控机构的有关规程、法规、规定为依据，结合北京电网的运行实际及具体特点编制。

1.2 电力调度坚持安全第一、预防为主、综合治理的方针。北京电网内各供电企业及其调控机构、发电企业、电力用户有责任共同维护电网的安全稳定运行。

1.3 北京电网由国网北京市电力公司（简称公司）统一管理，是由发电、供电（输电、变电、配电）、用电等所有一次设施及相关的继电保护、通信、自动化等二次设施构成的整体。

1.4 调控机构

1.4.1 北京电网实行统一调度、分级管理。

1.4.2 北京电网实行调度、控制一体化管理。

1.4.3 公司设两级调控机构：国网北京电力调度控制中心（简称市调），各供电公司电力调度控制中心（简称地调）。

1.4.4 两级调控机构代表主管单位对调度管辖范围（简称调管范围）内电网运行行使指挥权，市调与地调、地调与电网内发电厂（站）和变电站（调控中心、运维队）在调控业务和电网运行指挥方面是上、下级关系，各发电厂、变电站必须服从地调的领导和指挥。

1.5 本规程适用于北京电网的调控运行、电网操作、故障处置和调控业务联系等涉及调控运行相关各专业的活动。

1.5.1 北京电网内的调度、监控、发电、供电、用电等单位和个人，必须遵守本规程。

1.5.2　各地调可在不抵触本规程的情况下，制定调度操作细则或管理规定，报市调批准后执行。

1.5.3　任何违反本规程的调控机构、相关单位及相关人员，必须承担相应的责任。

1.6　洪水、地震等重大自然灾害及战争等非常时期的电力调度依照国家有关规定执行。

1.7　本规程由公司负责修订、解释。

2　调控管理

2.1　调控管理任务

电网调控管理的任务是指挥电网的运行、操作和事故处理，保证实现下列基本要求：

2.1.1　保障北京电网安全、稳定、优质和经济运行。

2.1.2　充分发挥本电网内发供电设备的能力，最大限度地满足用电负荷的需求。

2.1.3　保障客户供电的电能质量符合有关规定和标准。

2.1.4　合理使用各种资源，保障电网在最优方式下运行，实现电网最大范围的资源优化配置。

2.1.5　执行有关合同或协议，保证各方的合法权益。

2.2　地调的主要工作

2.2.1　协助上级调度工作，确保地区电网安全、优质、经济运行。

2.2.2　编制、执行本地区电网的运行方式。

2.2.3　参加本地区电网的规划编制，对电网的规划提出建议。

2.2.4　参加基建、改建、扩建工程的可研和初设审核工作。

2.2.5　对调控范围内的设备进行操作管理。

2.2.6　编制并批准、执行调控范围内发、供、用电设备的停电计划。

2.2.7　指挥调控范围内设备的操作及故障处理，参与电力系统故障调查，组织开展调度监控范围内设备故障分析。

2.2.8　批准调控范围内发、供、用电设备的投入和退出运行。

2.2.9 负责与本地区电网各发电方签订并网调度协议，与调度客户签订调度协议。

2.2.10 按电压曲线要求，负责所辖设备的电压调整。

2.2.11 负责本地区电网负荷管理。

2.2.12 负责本地区电网继电保护及安全自动装置和自动化专业技术的运行管理，统筹协调与地区电网调度控制运行相关的通信业务。

2.2.13 负责设备监控管理，承担监控范围内设备集中监视、信息处置和远方操作。

2.2.14 组织调度客户有关人员的业务培训、考核等工作。

2.2.15 行使各供电公司及上级调控机构批准（授予）的职权。

2.3 调控管理制度

2.3.1 需要并入北京电网运行的发电厂（含自备电厂），应在并网前与公司或其授权的电网调控机构签订并网调度协议、并接受技术监督。否则，不得并入电网运行。

2.3.2 地调调控员在其值班期间为所辖电网运行、操作和事故处理的指挥者，并对所发布指令的正确性负责。

2.3.3 地调值班调控员接受市调值班调控员的指挥，正确执行市调值班调控员的调度指令。

2.3.4 下列人员在调度关系上受地调值班调控员领导，并接受其调度指令：

2.3.4.1 地调直接调度的发电厂值长。

2.3.4.2 地调直接调度的变电站、配网设备运维及抢修人员。

2.3.4.3 客户调度机构及客户变电站的运行值班人员。

2.3.4.4 联系配网高压客户的用电检查人员。

2.3.5 电网管理部门的领导做出的一切有关调控业务的指示和要求，应通过调控机构的领导下达给值班调控员。任何单位和个人不得干涉调度指令的发布、执行。值班调控员依法执行公务，有权拒绝各种非法干涉。

2.3.6 值班调控员和受令人进行调控业务联系时，必须相互通报厂站（或运行单位）名称及姓名。

2.3.7 值班调度员向厂站运行值班人员、配电运维人员下达操作指令、施工令时，必须冠以变电站（配电室）的名称。

2.3.8 值班调控员发布的调度指令和调控业务联系应使用专用的调度电话，并必须全部录音。

2.3.9 受令人应对调度指令作书面记录，并复诵指令，在核对无误并经值班调度员许可后方可执行。在故障处理情况下调度令的下达、记录和执行按本规程有关规定执行。

2.3.10 调度指令以值班调控员发布指令时开始，至受令人执行完毕报值班调控员时全部完成。

2.3.11 值班调控员发布的调度指令，受令人应立即执行，执行完毕立即回令。受令人对调度指令有疑问时，应向发令人询问清楚无误后执行。如认为该调度指令有误时，应立即向发布指令的值班调控员报告，由其决定该调度指令的执行或撤销。如执行该调度指令确会危及人身、设备或电网的安全时，受令人应拒绝执行，并将拒绝执行的理由报告值班调控员和本单位领导。

2.3.12 受令人员如无故拖延执行或拒绝执行值班调控员的调度指令，则未执行调度指令的受令人和允许不执行该调度指令的领导均应负相应责任。

2.3.13 各厂站受令人接到市调与相关地调相互矛盾的调度指令时，应暂停执行调度指令并分别向市调和相关地调报告。

2.3.14 各发供电单位负责人发布的指示，如涉及地调值班调控员的调度管辖权限，必须经地调值班调控员的许可才能执行，但在现场故障处理规程内已有规定的除外。

2.3.15 调控范围需要临时变更时，应由有关各方协商确定，各有关调控机构应做好记录。

2.3.16 调控管辖范围内的设备，未经值班调控员同意，任何人不得擅自改变设备的运行状态。遇有危及人身和设备安全的情况，运行值班人员可按照现场有关规定直接处理，处理后应立即报告值班调控员。运行值班人员须正确回答值班调控员的询问，不得隐瞒真相。

2.3.17　未经值班调度员同意，各厂站（含客户变电站）运行值班人员及输变电设备运维人员不得在不属于自己调度管理的设备上进行工作。如有必要在上述设备上工作时，必须向值班调度员提出申请，在征得值班调度员的同意后方能工作。

2.3.18　需要借用其他调度管辖设备，必须提前向相关调控机构申请，得到授权后要了解清楚该设备运行状态，操作完后将该设备恢复原运行状态后交还。

2.3.19　各级调控机构值班调度员必须严格执行调度系统重大事件汇报制度。

2.3.20　各级调控机构有人员变动时应及时公布，下级调控机构的调控员名单应及时报上级调控机构备案。

2.3.21　各电压等级输电线路的工作，有关运行维护单位负责停送电的要令人应取得相关调控机构批准的停送电申请权。地调负责每年发布本单位具有停送电申请权人员的名单。

2.3.22　各级调控机构管辖的变电站、发电厂运行值班人员必须持相应调控机构颁发的《北京电网调度运行值班上岗证》，方可上岗值班并进行相关调控业务联系。

2.3.23　各级调控机构均应根据公司关于应急管理的有关规定，建立应急管理机制，完善应急预案管理。

2.3.24　各级调控机构调控值班室（含备用调控值班室）均应配备应急用图纸，并及时更新。

2.3.25　电网地理接线图、电网图集、电力调度数据网络系统结构与配置均属公司涉密信息，不得私自随意外传，须严格执行公司保密管理制度。

2.3.26　值班调控员按本规程履行职责，受法律保护。

2.3.27 地调间调控业务联系制度：

2.3.27.1 跨区供电是指以下两种情况，其他特殊情况以双方约定为准：

（1）变电站（开关站）母线由某地调调度，部分出线由其他地调调度管理。

（2）线路由某地调调度，线路所带部分负荷侧设备由其他地调调度管理。

2.3.27.2 对于跨区供电线路，调度电源侧设备的地调值班调控员有权对调度负荷侧设备的地调值班调控员发布调度指令，调度负荷侧设备的地调值班调控员必须严格执行。

2.3.27.3 各地调之间值班调控员发布调控指令和进行调控业务联系应全部录音。

2.3.27.4 各地调之间进行调控业务联系时，应明确操作意图、设备运行状态及相关要求。

2.3.27.5 各地调之间有调控业务联系的，双方调控运行及管理人员变动时应以正式文件通知。

2.3.27.6 凡各地调之间存在跨区供电的线路，正式送电前均应签署《××××线路调度联系制度》。

2.3.27.7 调度联系制度是约束跨区供电线路调度行为的依据，由调度电源侧设备的地调负责起草，经双方协商确认后，在 5 个工作日内签署完毕，双方调控机构负责人签字并加盖调控机构公章。

2.3.27.8 各地调之间签署的调度联系制度中应明确以下内容：

（1）调控范围划分（附图）。

（2）正常运行方式要求。

（3）变电站及线路的运行维护单位。

（4）互供要求（含继电保护、自动装置、PC 分头位置调整、负荷限制、计量关口等内容）。

（5）跨区供电设备因基建、改建工程有变动时的要求。

（6）停电计划的编制与执行要求。

（7）故障及异常处理的要求。

（8）双方约定的其他事项。

（9）双方值班调控员名单、相关运行值班人员名单及联系电话等。

2.4 调度范围划分

2.4.1 调度范围划分与调整原则：

2.4.1.1 充分考虑电网结构特点和管理体制，有利于调控机构有效地指挥电网的运行、操作及故障处理，确保电网安全、稳定、优质和经济运行。

2.4.1.2 电网内的发、供、用电的设备，应按照国家及国家电网有限公司相关规定纳入相应的调控机构的调度管辖范围。

2.4.1.3 随着电网的发展，调度范围可不定期进行相应的调整，调度范围的变更和调整以有关调控机构的正式发文或批准书为准。

2.4.1.4 客户变电站的调度范围以电网调控机构与其签订的协议书为准。

2.4.2 地调调度设备：由地调下令进行运行调整、倒闸操作的发电厂、变电站、线路等一、二次设备。

2.4.2.1 各供电公司行政区域内部分 110kV 变电站及 110kV 负荷线路。

2.4.2.2 35kV 变电站及线路。

2.4.2.3 各电压等级变电站 6kV~10kV 出线开关及以下的 6kV~10kV 配电系统。

2.4.2.4 10kV 公用变压器（柱上变压器、箱式变压器、配电室）0.4kV 侧主开关，其中箱式变压器、配电室调度至 0.4kV 母线（含母联开关）。

2.4.2.5 220kV 变电站的 10kV 消弧线圈、10kV 旁路开关及旁路母线。

2.4.2.6 并入 35kV 及以下电网的发电厂设备。

2.4.2.7 市调划归地调调度的设备。

2.4.2.8 特殊情况下地调调控范围可以根据工作需要调整，具体依据调度批准书执行。

2.4.3 调度范围分界点划分的具体规定：

2.4.3.1 一般规定：

（1）发电厂、变电站（配电室）出线开关母线侧刀闸为双重调度。

（2）线路与所供变电站（配电室）分属两个单位调度时，则所供变电站（配电室）的进线刀闸为双重调度。

（3）各地调管辖范围内的 10kV 电缆线路，由第一级客户所属供电公司地调调度。

（4）两供电公司之间 10kV 架空线路联络开关正常应在断开状态，此联络开关及刀闸为双重调度。

（5）10kV 公用变压器（柱上变压器、箱式变压器、配电室）0.4kV 调度范围分界点为低压馈线开关，低压馈线开关及以上设备（含低压母线、母联、变压器主开关等）纳入地调管理。

2.4.3.2 市调与地调的分界点：

（1）220kV 变电站 110、35、10kV 出线开关母线侧刀闸为双方分界点。

（2）城近郊地区 110kV 变电站 35、10kV 主变压器开关、母联开关、接地电阻开关为双方分界点。

（3）线路与所供变电站分属两个单位调度时，所供变电站的进线刀闸为分界点。

（4）特殊设备按调度批准书执行。

2.4.3.3 各地调之间分界点：

（1）两供电公司之间可互供的线路原则上由供出供电公司调度，特殊情况由双方协商解决。

（2）变电站 10kV 出线由两个及以上地调调度的，该站消弧线圈由属地供电公司调度管理。

（3）变电站 10kV 旁路母线、旁路开关由属地供电公司调度管理。

2.4.3.4 具体调度范围划分由各调控机构之间协商确定，以调度范围划分协议书为准。

2.4.3.5 地调与调度客户变电站（配电室）的分界点：

（1）110kV 及以下允许合环并路倒闸的客户变电站（配电室）高压母线，原则上归地调调度。

（2）110kV 及以下不允许合环并路倒闸的客户变电站（配电室）进线刀闸为双方分界点。

2.4.3.6 地调与 10kV 高压非调度客户配电室的分界点：

（1）10kV 架空线路所带高压客户进线开关、刀闸或跌落保险为双方分界点。

（2）10kV 直配电缆所带高压客户进线开关或刀闸为分界点。

2.4.3.7 上级调控机构根据电网需要，有权改变调度范围的划分。

2.4.4 厂用变压器、站用变压器由各厂站自行管理。

2.5 监控范围划分

2.5.1 地调监控范围：通州及远郊地区属地内 110、35kV 变电站（公司产权），城近郊地区属地内 110kV 变电站（公司产权）中的 35、10、6kV 母线（含母联开关）、出线及电容器、电抗器无功补偿设备。

2.5.2 市调监控范围：110kV 及以上电压等级变电站（公司产权，地调监控范围除外）。

2.5.3 双重调度设备原则上双方均应负责监视。

2.5.4 调控机构在监控范围内，负责对电网一次设备运行状态、对电网安全稳定运行有直接影响的设备故障及异常、影响远方监控功能信息的实时监视；设备运维单位负责对变电站设备运行状态进行监视和检查，掌握变电站设备运行状况（一、二次设备及辅助设施等）信息。

2.6　发电厂的调度运行管理

2.6.1　并网运行的发电厂必须服从电网的统一调度，遵守、执行本调控规程，接受电网管理部门的归口管理、技术监督、指导，承担电网安全稳定运行的责任。

2.6.2　发电厂在并网之前必须具备符合国家标准的技术条件和满足电网管理的要求。

2.6.3　原则上发电机组的调度权属应与电厂接入系统并网线的调度权属划分一致，企业用户自备电厂机组的调度权属应与用户接入系统线路的调度权属一致。

2.6.4　并网发电厂按年、月报送可调出力计划（包括分机组的最高、最低技术出力），各热电厂的供热计划、热电曲线，各机组的 $P—Q$ 曲线，主要设备检修计划进度表，大修后各机组的效率特性等资料。

2.6.5　并网发电厂每日应按要求及时将当日电厂（机组）发电量、厂用电量、上网电量报值班调度员。

2.6.6　并网发电厂应严格执行调控机构下达的发电曲线和电压曲线，因电厂内部原因需要调整发电计划时应向值班调度员说明原因。由于电网原因需要调整发电计划时，值班调度员应及时通知并网发电厂。

2.6.7　并网发电厂因内部设备异常及故障影响发电机出力或对电网造成影响的，应及时向值班调度员报告。

2.6.8　因电网故障造成并网发电厂电压、功率波动以及发电机解列等，并网发电厂值班运行人员应及时向值班调度员报告，并做好记录。

2.7　自备电厂及调度客户的调度管理

2.7.1　自备电厂的调度管理：

2.7.1.1 参加电网统一调度的自备电厂,应承担电网调峰任务。

2.7.1.2 所有参加电网统一调度的自备电厂发电机必须有可靠的并、解列装置及适应电网的继电保护装置。

2.7.1.3 自备电厂的发电机并网或解列,均须得到值班调度员的同意。

2.7.1.4 所有参加电网统一调度的自备电厂均应将有关的遥测信息送至相应调控机构,以便进行实时监测。每日 24 时,应将全天发电量及厂用电量报所属调度值班调度员。

2.7.1.5 当电源线路停电检修(或故障停电)时,自备电厂的运行值班人员应保证不得向线路反送电源。

2.7.1.6 自备电厂必须安装专用电话,安排人员昼夜值班。

2.7.2 调度客户变电站(配电室)的管理:

2.7.2.1 需要接入北京电网的客户变电站,应在接入前与公司或其授权的电网调控机构签订调度协议。

2.7.2.2 35kV 及以上客户变电站一律参加电网统一调度。

2.7.2.3 6kV~10kV 多路电源客户,必须并路倒闸者,经调控机构审核批准,应参加电网统一调度。

2.7.2.4 35kV 及以上客户变电站的低压部分与外来备用电源之间必须加装闭锁,严禁与外来电源进行并路倒闸(变电站的低压部分与外来备用电源之间倒闸必须进行短时并路倒闸时,应安装可靠的解合环自动装置)。

2.7.2.5 参加电网统一调度的客户变电站(含配电室)应具备下列条件:

(1)客户变电站必须安排昼夜有人值班。

(2)客户变电站内必须装有专用电话。

(3)客户变电站必须具备自动化上传信息。

(4)客户变电站运行值班人员必须持调控机构颁发的《北京电网调度运行值班上岗证》。

2.7.2.6 调度客户变电站（含配电室）运行值班人员要求：

（1）必须清楚地了解本站电气设备调度范围的划分；必须熟知本规程中调度管理基本制度、调度操作术语及其他有关部分。

（2）属于调度范围内的电气设备的操作，必须得到值班调度员的指令或许可后方可操作。

（3）双路电源的客户变电站，当一路电源无电时，在确知非本站故障引起的情况下，可以先拉开无电的进线开关，再合上备用电源开关，然后报告值班调度员。

（4）客户变电站或配电室进行并路倒闸时，应自行停用进线保护投入合环保护；对于具有选择性的合环保护，在操作时应将压板投到需停的开关上；以上要求应列入现场操作规程。因环路电流大合不上环的站，应停电倒闸。

（5）客户变电站或配电室进行低压侧并路倒闸（电源侧不合环）时，保护装置必须高低压可靠配合，必须安装可靠的解合环自动装置。

（6）属于调度范围内的设备因扩建、改建工程而变更接线时，须事先征得调控机构的同意，并修改相应调度协议。

3 电网运行方式管理

3.1 电网运行方式编制

3.1.1 地调应按年、月（季）编制调度管辖范围内的电网运行方式。

3.1.2 年度运行方式应每年编制一次，电网结构有重大变化时应在月（季）方式中加以修正。地调编制的年度运行方式经本单位领导批准，于年初下达，作为电网正常运行方式和继电保护整定方案的依据。

3.1.3 编制运行方式时，应考虑电网运行中可能出现的较严重情况，提出电网存在的问题和应采取的措施。

3.1.4 编制电网正常运行方式的原则：

3.1.4.1 保证电网及其各个组成部分的安全稳定运行。

3.1.4.2 保证重要客户供电的可靠性和灵活性。

3.1.4.3 电网继电保护与安全自动装置协调配合。

3.1.4.4 短路容量不超过电网内设备所允许的数值。

3.1.4.5 使电网各处供电电压质量满足规定标准。

3.1.4.6 电网潮流合理分布。

3.1.4.7 满足载流元件的热稳定要求。

3.1.4.8 适应主要元件检修的能力。

3.1.4.9 满足故障后运行方式的要求。

3.1.4.10 考虑风电、光伏等清洁能源发电对电网运行的影响。

3.1.5 地区电网年度运行方式的内容：

3.1.5.1 上年度电网运行总结，主要包括上年度新设备投产情况及系统规模、生产运行情况分析和电网安全运行状况分析。

3.1.5.2 本年度电网新设备投产计划。

3.1.5.3 本年度电力生产需求预测。

3.1.5.4 本年度电网主要设备检修计划。

3.1.5.5 本年度电网结构、短路分析及运行结线方式选择。

3.1.5.6 本年度电网潮流计算、$N-1$ 静态安全分析。

3.1.5.7 本年度系统稳定分析和安全约束。

3.1.5.8 本年度无功电压分析。

3.1.5.9 本年度电网安全自动装置和低频低压减负荷整定方案。

3.1.5.10 本年度电网运行风险预警。

3.1.5.11 本年度电网安全运行存在的问题及措施。

3.1.6 地区电网季（月）度运行方式的内容：

3.1.6.1 季（月）度有功、无功负荷及电力电量平衡分析。

3.1.6.2 日有功最大、最小负荷曲线、发电出力曲线及受电曲线。

3.1.6.3 地区电网内各监测点的电压曲线及其允许的电压偏差。

3.1.6.4 地区电网内季（月）度最高负荷和典型低谷负荷情况下的接线方式及潮流电压分布图。

3.1.6.5 地区电网内发电、输电、变电主要设备检修及基建改造项目进度。

3.1.6.6 根据地区电网结构变化情况，核算厂站母线短路容量。

3.1.6.7 地区电网运行方式中存在的问题及安全措施等。

3.1.7 为确定地区电网的年度电网运行方式，各供电公司及有关单位应按规定 8 月底前将本年度和下一年度的运行方式、设备台账、额定参数及有关资料等按要求汇总后报市调，作为编制下一年度电网正常运行方式的依据。

3.2 机网协调管理

3.2.1 市调依据国家与行业的有关规程、规定、技术规范及标准等，结合所辖电网的实际情况，编制对发电机励磁（含PSS，简称励磁）、调速系统或装置（简称调速系统）及一次调频工作等的运行管理规定。

3.2.2 并入北京电网的新建或改造发电机组的励磁、调速系统工程项目设计应符合国家、行业的规程、标准以及北京电网的有关规程规定和反故障措施。上述工程项目设计（方案）的审查应通知相关调控机构参加。

3.2.3 并入北京电网发电机组的励磁、调速系统须通过国家质检部门的型式试验和北京电网的入网检测。

3.2.4 新建或改造的发电机励磁、调速系统的技术资料应报送相关调控机构备案。其有关定值及参数设定、运行规定等均纳入电网调度管理的范畴，在投产前应经过技术论证，并报相关调控机构审查批准后方可实施。

3.2.5 并入北京电网的发电机组的励磁、调速系统应按照相关调控机构要求的状态投入运行。上述系统状态的改变和退出均须得到相关调控机构的批准。

3.2.6 并入北京电网的发电机组应开展励磁系统（包括电力系统稳定器）、调速系统、原动机的建模及参数实测工作，实测建模报告需通过有资质试验单位的审核，并将试验报告报有关调控机构。

3.2.7 并入北京电网的发电机组失磁、失步、过激磁、电压、频率异常等定值及涉网保护定值，风、光、储等发电机组电压、频率异常保护定值，应报相应的调控机构审定、备案。

3.2.8 电网内各发电厂（站）厂用电方式、保厂用电措施，应报送相关调控机构备案。

3.2.9 并入北京电网各发电厂应开展励磁系统（包括电力系统稳定器）、调速系统、原动机的建模及参数实测工作，实测建模报告需通过有资质试验单位的审核，并将试验报告报有关调控机构。

3.3 改变正常运行方式规定

3.3.1 改变电网正常运行方式，经计算分析必须满足运行设备热稳定的要求，满足电网继电保护及安全自动装置运行要求。

3.3.2 原则上同一时间段内，各地调调度范围 110kV 母线停运条数不得超过 3 条；遇市调调度的 110kV 母线检修时，上述元件停运条数依次递减。

3.3.3 原则上同一时间段，各地调调度范围内 110kV（或 35kV）线路停运条数不得超过 2 条；遇市调调度管辖的带有相关供电公司负荷的 110kV 线路停运时，该供电公司停运 110kV 线路条数递减。

3.3.4 原则上同一时间段内，各地调调度范围内 110kV（或 35kV）主变压器停运台数不得超过 2 台。

3.3.5 原则上同一时间段内，各地调调度范围内变电站 10kV（或 35kV）母线停运条数不得超过 2 条；遇带有相关供电公司负荷的 220kV 变电站停用 10kV（或 35kV）母线时，该供电公司停运母线条数递减。

3.3.6 原则上同一时间段内，各地调调度范围内 10kV 开关站母线停运条数不得超过 2 条。

3.3.7 由于运行情况的变化，需改变局部电网正常运行方式超过 24h 的，由地调主管领导批准。

3.3.8 各供电公司所属 110kV 电网方式变化应报市调审核批准。

3.3.9 值班调控员遇特殊情况需要立即采取临时运行方式时，应充分考虑电压、潮流变化、继电保护及自动装置变更的情况，事后应按照相关制度汇报有关领导。如发生负荷转移较大情况时应提前报市调，市调批准后方可合环。

3.3.10　设备检修方式下，若 110、35kV 变电站存在 $N-1$ 故障全停风险，原则上应通过相关保护及自投配置完善的联络线路将存在全停风险的 35、10kV 负荷倒出，并保证相关设备正常运行且满足 $N-1$ 运行要求。

3.4　网损管理

3.4.1　地调每年应进行地区电网的网损理论计算分析，并应提出降低电能损失的具体建议及措施。

3.4.2　当地区电网运行方式有较大变动时，地调应进行必要的网损分析。

3.5　地区电网负荷管理

3.5.1　电网负荷预测与分析是编制电网运行方式、确保电网安全可靠供电和经济运行的基础。各地调应根据调度范围分别负责地区电网负荷管理，各运行、管理部门必须掌握所管辖设备的电力负荷情况，并按照地调的要求上报。

3.5.2　各地调按要求负责本地区电网供电日报、月报及年报的统计分析工作。

3.5.3　为掌握电网潮流和电压情况，规定每月 15 日进行一次电网典型潮流实测，各厂站（所带 10kV 及以上客户）做好 4 时、10 时和前夜高峰时段整点时刻的记录，并于一周内报送相关地调。具备自动化采集条件的可使用自动化采集数据，不具备条件或自动化系统有故障时，应按时进行手工抄表。

3.5.4　根据电网负荷变化情况需要临时增加记录时，各厂站必须严格按调控机构要求执行。

3.5.5　每年 8 月 15 日前，相关部门应将下一年度所辖范围内客户增容情况列表报地调，内容包括户名、地址、供电站名、路名、增加容量、预计净增负荷与投入日期等。

3.5.6　各供电公司的功率总加关口由各公司自行维护，根据电网结构的变化进行动态调整，并将功率总加关口变动情况及时上报市调。

3.5.7　各地调调度范围内的基改建引起互供功率总加关口变化时，应在送电前通知有互供关系的供电公司。

3.5.8　市调负责北京电网负荷预测及管理工作，并对各地调的负荷预测工作进行监督和考核。

3.5.9　电网负荷预测的分类：

3.5.9.1　负荷预测包括系统负荷预测及母线负荷预测。

3.5.9.2　系统负荷预测分为年度、月度、日前、节日及日内超短期负荷预测。

---

4 基改建工作前期及设备投入运行调度管理

4.1 调控机构对设备的入网运行或退出运行以批准书的形式予以批准。

4.2 方案及设计的审核

4.2.1 为保证新设备的顺利投产及投产后电网的安全运行，调控机构应尽早介入所辖电网的工程建设工作，全过程参与规划、可行性研究、初步设计审查、设备选型和工程验收等工作。有关单位应提前向调控机构提供工程有关技术资料，并邀请调控机构派专业人员参加上述工作。所属调度范围内110kV及以下电网工程，地调应全过程参与上述工作。

4.2.2 调控机构参加有关单位组织召开的电网规划、可行性研究、初步设计审查会议，提出专业意见。

4.2.3 为保障基改建工程项目按期顺利投产，各有关部门和单位应编制工程项目投产计划并在以下日期报送市调及地调：

4.2.3.1 每年6月30日前将下半年度的基改建工程项目投产计划报送市调。

4.2.3.2 每年8月31日前将下一年度的基改建工程项目投产计划及有关技术资料报送市调及相关地调。

4.2.3.3 每年12月31日前书面确定下一年度的投产项目和投产时间，市调将根据基改建工程进度合理安排投产前有关准备工作。

4.2.4 各地调负责的110kV及以上设备的基改建方案应征求市调意见。涉及双重调度设备的基改建方案、启动过程需要上级调度配合操作的基改建方案应征求市调意见。

4.2.5 工程在投运前，工程组织单位应提前 3 个月向调控机构各专业报送有关技术资料（详见附录 A），并保证资料的完整性和准确性。35kV 及以下工程应至少提前 1 个月报送。同时向相应调控机构推荐主要设备的调度命名及编号（详见附录 B）。

4.2.6 多电源客户变电站应加装闭锁装置，禁止并路倒闸；确需并路倒闸操作的，须加装有选择性的合环保护，并经调控机构批准。

4.2.7 不参加电网统一调度的多电源客户变电站、开关站、配电室原则上不加装联络设备，如确需加装联络设备，应加装闭锁回路，禁止并路倒闸。

4.3 新设备投运启动会

4.3.1 启动会召开前，工程组织单位应组织协调施工单位、运行单位与调试单位共同编制新设备启动投产方案。

4.3.2 新设备启动方案初稿经工程组织单位审核后，于启动会召开 3 个工作日前上报相关调控机构。启动会召开后 3 个工作日内，工程组织单位应将正式启动投产方案报送调控机构。

4.3.3 由地调负责的 110kV 及以上变电站或线路，220kV 变电站的 10kV 及以上出线投入运行的批准书、协议书，必须在送电 3 个工作日前报市调备案。

4.3.4 新设备投运批准书应在新设备启动投入运行 3 个工作日前下发给有关单位，下发前应经调控机构相关专业审核会签，调控机构主管领导审核批准。

4.3.5 工程组织单位应在新设备启动投运前 1 个月组织召开启动会，相关调控机构派专业人员参会。35kV 及以下工程应至少提前 10 天。

4.3.6 新设备启动投运前必须具备下列条件：

4.3.6.1 所有设备均验收合格，具备投运条件。

4.3.6.2　新设备运行维护单位已由业主单位明确，客户变电站需书面报调控机构备案。

4.3.6.3　所需资料已齐全，参数测量工作已结束，并以书面形式提交调控机构，启动方案中明确需在启动过程中安排测量的参数除外。

4.3.6.4　已进行必要的稳定计算校核。

4.3.6.5　已签订并网调度协议。

4.3.6.6　有关调控运行资料已修改。

4.3.6.7　新建变电站或发电厂的运行值班人员已经资格认证，并报调控机构备案。

4.3.6.8　新设备调度编号已下达并经现场执行。

4.3.6.9　继电保护、安全自动装置等二次设备已按定值单要求整定调试完毕，有关通道的对调已完成。

4.3.6.10　继电保护故障信息系统子站与主站联调已完成。

4.3.6.11　通信系统、通信业务已调试完成，通信设备已接入网管监控。

4.3.6.12　自动化图形绘制完毕并与实际情况一致，调度自动化系统相关参数修改完毕，远动及其相关设备已通过验收，调度模拟屏、调度自动化、配电自动化画面及遥测、遥信测点信息表已修改完毕，实时信息已准确传送到调度端。

4.3.6.13　投运后纳入调控机构监控运行的所有设备，厂站运行值班人员已与值班监控员核对调度自动化系统接线图启动范围内所有一次设备状态和监视信号均正确。

4.4　新设备启动原则

4.4.1　线路启动原则：

4.4.1.1　新线路启动时应全电压冲击 3 次，新旧混合线路启动时冲击 1 次。

4.4.1.2　对新建线路启动送电之前，应停用线路重合闸，待设备启动结束后再投入。

4.4.1.3　负荷线路保护测相量，带负荷（只带无功负荷除外）前应将纵差保护停用，测相量无问题后再投入。

4.4.1.4　新建或改建的输电线路测量工频参数按以下规定执行：

（1）新建或改建的输电线路需要实际测量工频参数，参数实际测量须在输电线路不带电的情况下进行。

（2）线路工频参数测量方案和具体步骤应提前交所属调控机构、设备管理部门（单位）、涉及的厂站及有关单位审查备案。方案中应含有负责人及相应厂站的联系名单和联系方式。

（3）线路参数测量单位委托试验设备所接厂站的归属单位按规定办理检修计划申请，并在工作前一天向与所测线路相关的厂站通知关于测参数的工作任务。

（4）线路改造完成后，由该项工作的要令人向值班调度员交施工令。

（5）测量参数工作的总负责人（具备停发电申请权的人员）向值班调度员要测量线路参数施工令，并明确联系方式。

（6）值班调度员下测参数施工令前，线路各侧开关和刀闸均处于断开状态，接地刀闸在合入状态（或挂有地线）。

（7）线路工频参数测量前，所属调控机构将待测参数线路所涉及厂站合、拉该线路侧接地刀闸（或挂、拆地线）的调度权临时交给组织测量参数工作的总负责人（具备停发电申请权的人员）。

（8）相关厂站值班人员、线路工频参数测量人员在总负责人的统一指挥下合、拉测量线路的接地刀闸（或挂、拆地线），实施线路工频参数测量方案。

（9）线路工频参数测量工作结束后，参数测量的总负责人将参数测量线路恢复至原方式，接地刀闸在合入状态（或挂有地线），交回施工令，将合、拉该线路接地刀闸（或挂、拆地线）的调度权交还所属调控机构，并明确线路及开关间隔内无

任何试验设备。

4.4.2　变压器启动原则：

4.4.2.1　新变压器启动时应全电压冲击 5 次，大修后变压器冲击 3 次。

4.4.2.2　变压器带负荷前需将变压器差动保护停用后测相量，相量无问题后将变压器差动保护投入。

4.4.3　母线设备启动原则：

4.4.3.1　新母线设备启动以及母线扩建新间隔时，应对母线设备全电压冲击 3 次。

4.4.3.2　在原母线上投入新设备或旧设备改造，母差保护需要测相量时，应在送电合开关前将母差保护停用，相量无问题后再投入。

4.4.4　机组并网启动原则：

4.4.4.1　新机组并网前，设备运行维护单位负责做好新机组的各种试验并满足并网运行条件。

4.4.4.2　发电机短路试验、空载试验、假同期试验由电厂负责，电网调控机构配合调整做上述试验时的电网方式。

4.4.4.3　新机组同期并网后，发电变压器组有关保护需测相量。

4.4.5　新设备投产前通过模拟负荷法测量相量正确时，送电时无需再测保护相量。

4.4.6　待用间隔启动时，由厂站运行值班人员负责对待用间隔进行全电压冲击，启动过程中何时冲击应在新设备启动批准书中明确。待用间隔设备冲击时开关和母线侧刀闸应在合入位置，线路侧刀闸应在断开位置（无出线），小车开关冲击时小车应在运行位置，开关在合入位置（无出线），冲击无问题后将待用间隔转为冷备用状态。

4.4.7　厂站自行管理的设备需要冲击的由运行值班人员自行负责。

4.5 新设备的送电程序

4.5.1 属于地调调度范围内的设备由地调拟定批准书、协议书，发至有关单位执行。

4.5.2 城近郊地区调度的 110kV 及以上变电站、通州及远郊地区调度的 220kV 及以上变电站 10kV 及以上出线送电时，在送电程序中，地调必须先报市调（区调），确认相应母线无问题并征得市调（区调）同意后方可执行送电程序，送电结束后应及时报市调（区调）。

4.5.3 批准书的内容包括调度范围划分、调度设备编号、正常运行方式、运行维护单位、送电程序、核相位置、保护测相量方式及要求、主要设备规范及技术参数等。

4.5.4 批准书或协议书应在设备投入运行前 5 天发至有关单位。

4.5.5 新设备送电：

4.5.5.1 有关单位应及时按批准书要求的时间、内容向值班调控员报告待启动设备已经具备送电条件，双方核对设备状态。

4.5.5.2 运行单位向值班调控员汇报新设备具备启动条件后（指调度管辖设备），该新设备即纳入调度管理，未经值班调控员下达指令或许可，不得进行任何操作和工作。

4.5.5.3 退运的设备重新启动投入运行前，现场应无任何地线，在检修状态下退运的设备，在重新启动前应由工程组织单位负责组织落实现场拆除所有地线（含拉开接地刀闸）。

4.5.5.4 值班调控员与厂站运行值班人员双方核对保护定值单无误后，由厂站运行值班人员按调度继电保护定值单及批准书要求将继电保护装置投入运行。有特殊要求时，由值班调控员下令投停相关保护，安全自动装置根据调度指令投停。

4.5.5.5 客户变电站第一次送电投入系统运行时，客户侧设备是否具备送电条件，由相关供电公司用电部门负责向所属地调值班调控员报告，新设备送电后再移交给客户。若为市调调度的客户变电站，则在用电部门向所属地调值班调控员报告后，由所属地调值班调控员报告市调值班调控员。

4.5.5.6　值班调控员依据批准书的送电程序，对新设备进行冲击送电。

4.5.5.7　有核相要求的必须及时核相，核相正确后有条件时应试环 1 次。

4.5.5.8　新设备的送电原则上使用单项操作指令或逐项操作指令。

4.5.5.9　新设备的送电涉及上级调度范围内设备时，应按要求提前向上级调度提出启动计划及停电计划申请。

4.5.5.10　新建变电站的启动送电，有条件的情况下，可采取调度集中下令、现场分步执行或者变电站现场调试启动等模式。

5 政治供电管理

5.1 政治供电管理要求

5.1.1 各级调控机构根据政治供电管理部门提供的政治保电清单（含保电级别、户名、路名、上级电源厂站名、时间和要求）拟定政治供电方式，制定本级调控故障预案，审核下级调控机构故障预案。

5.1.2 各有关单位接到政治供电方式文件后，根据政治供电方式按调度权限做好相关保电措施和故障预案。

5.1.3 相关的重点厂站、调度客户和重点线路的运行管理单位应加强运行巡视，发现问题要及时汇报值班调控员和有关领导，并采取相应措施。

5.1.4 重大政治活动期间，各级值班调控员在倒闸操作时，应重点考虑对政治活动场所的影响，如遇有事故处理时应优先安排处置，尽可能减少对政治活动场所供电质量的影响并尽快恢复供电。

5.2 日常供电管理要求

5.2.1 调度客户及其他临时性政治活动场所，由政治供电管理部门负责按调管范围的划分，事前书面通知有关调控机构，同时说明保电级别、户名、路名、上级电源厂站名、日期、时间和要求调控机构采取的具体措施。

5.2.2 各级调控机构接到通知后，应会同相关部门及时调整电网停电计划，并做好相关保电措施。

5.2.3 各级值班调控员在倒闸操作时，应重点考虑对重要客户（含常态化保障客户）和临时政治活动场所的影响，如遇有事故处理时应优先安排处置，尽可能减少对重要客户供电质量的影响并尽快恢复供电。

5.2.4　涉及重要客户外电源的切改方案应经调控机构和设备管理部门审核后方可实施。涉及二级重要客户的方案应经各供电公司调控和设备管理部门审核通过后方可实施，涉及特级、一级重要客户和政治供电常态化保障客户的方案应经公司调控中心和设备部审核通过后方可实施。

6 设备运行管理

6.1 设备运行的基本要求

6.1.1 投入电网运行的设备，应满足电网正常运行的载流容量和最大方式下的短路容量等各项要求，设备规范齐全。

6.1.2 运行中的设备发生异常情况危及电网和设备安全时，必须及时报告值班调控员，并冠以"报异常"。

6.1.3 影响电网运行的特殊试验的规定：试验主办单位应向相关调控机构提出书面试验方案，调控机构进行审核批准，重大试验方案应报请公司主管生产副总经理或总工程师批准后执行。

6.1.4 设备正常运行时，设备负载系数达到 0.8 时，应加强监视，准备采取控制负荷措施；设备负载系数达到 0.9 时，负载继续增长且无下降趋势，应立即采取倒负荷（以下称为倒路）措施（含单方向电源、三电源减为两电源）；设备负载系数达到 1.0 时，负载继续增长且无下降趋势，应立即采取倒路措施（含单电源、自投不具备等降低供电可靠性）；设备负载系数达到运行极限时，立即采取拉停负荷（以下称为拉路）措施。

6.2 变压器的运行

6.2.1 主设备过温、过负荷、过压的有关规定：

6.2.1.1 变压器正常运行时，设备负载系数达到 0.8 时，应加强监视，准备采取控制负荷措施；设备负载系数达到 0.9 时，负载继续增长且无下降趋势，应立即采取倒路措施（含单方向电源、三电源减为两电源）；设备负载系数达到 1.0 时，负载

继续增长且无下降趋势，应立即采取倒路措施（含单电源、自投不具备等降低供电可靠性）；设备负载系数达到运行极限时，立即采取拉路措施。变压器额定电流详见附录 C。

6.2.1.2　当油浸变压器负载系数达到 1.2 时，气体变压器达到额定负载时或有载开关压力异常时，应暂停有载调压操作（制造厂另有规定者除外）。

6.2.1.3　变压器的运行电压不得高于运行分接开关额定电压的 105%。

6.2.1.4　并列运行且参数相同的变压器分接位置应保持一致。参数不同的变压器并列运行的分接位置应在环流最小的分接位置上并列运行。

6.2.2　变压器过负荷时的运行规定：

6.2.2.1　油浸自然循环变压器负载系数达到 1.1 时，运行时间不得超过 3h；负载系数达到 1.2 时，运行时间不得超过 2h；负载系数达到 1.3 时，运行时间不得超过 1.5h；若负载系数超过 1.3 或运行时间超过规定允许时间，则需采取拉路措施。

6.2.2.2　强迫油循环风冷变压器负载系数达到 1.1 时，运行时间不得超过 1.5h；若负载系数超过 1.1 或运行时间超过规定允许时间，则需采取拉路措施。

6.2.2.3　强迫油循环水冷变压器负载系数达到 1.1 时，运行时间不得超过 1h，若负载系数超过 1.1 或运行时间超过规定允许时间，则需采取拉路措施。

6.2.2.4　气体变压器负载系数达到 1.2 时，运行时间不得超过 3h；负载系数达到 1.3 时，运行时间不得超过 1.4h；若负载系数超过 1.3 或运行时间超过规定允许时间，则需采取拉路措施。

6.2.3　当电网发生故障时，变压器的运行规定如下：

6.2.3.1　100MVA 以下油浸变压器若故障前负载系数不大于 0.7，则故障后负载系数最高允许达到 1.8，而运行时间不得超过 0.5h，顶层油温不允许超过 115℃；若故障前负载系数大于 0.7，则故障后变压器过载能力应相应降低（故障后变压器允许负载系数详见附录 D），运行时间不得超过 0.5h，顶层油温不允许超过 115℃；若故障后负载系数超出限值或运行时间超过规定允许时间或顶层油温超过限值，则应立即采取拉路措施。

6.2.3.2　100MVA 及以上油浸变压器若故障前负载系数不大于 0.7，则故障后负载系数最高允许达到 1.45，而运行时间不得超过 0.5h，顶层油温不允许超过 115℃；若故障前负载系数大于 0.7，则故障后变压器过载能力应相应降低（故障后变压器允许负载系数详见附录 D），运行时间不得超过 0.5h，顶层油温不允许超过 115℃；若故障后负载系数超出限值或运行时间超过规定允许时间或顶层油温超过限值，则应立即采取拉路措施。

6.2.3.3　气体绝缘变压器故障后负载系数最高允许达到 1.2，运行时间 2h。若故障后负载系数超出限值或运行时间超过规定允许时间，则应立即采取拉路措施。

6.2.4　强油循环风冷和强油循环水冷变压器，当失去全部冷却器时，允许带额定负荷运行 20min（制造厂另有规定的除外）。在此时间内，值班调控员立即采取倒路措施。

6.2.5　气体变压器失去全部冷却装置发出"冷却器全停"信号，同时负荷超过额定负荷的 30%，运行时间不得超过 15min（制造厂另有规定的除外）。在此时间内，值班调控员立即采取倒路措施。气体变压器负荷低于额定负荷的 30% 时，可长期运行。

6.2.6　当发现变压器有下列异常现象之一，影响变压器安全运行时，应投入备用变压器；无备用变压器时，值班调控员应采取倒路措施：

6.2.6.1　变压器出现异音。

6.2.6.2　严重漏油致使油位下降。

6.2.6.3　严重漏气致使压力下降，气体压力异常报警。

6.2.6.4　套管出现漏油、无油位、裂纹、不正常电晕现象。

6.2.6.5　轻瓦斯保护动作（近期内油路有工作的情况除外）。

6.2.6.6　强迫油循环水冷变压器，在油泵不停情况下冷却水源断水。

6.2.6.7　强油风冷（水冷）变压器冷却装置全停。

6.2.6.8　气体变压器冷却装置全停。

6.2.6.9　套管接头严重发热。

6.2.6.10　压力释放阀动作。

6.2.7　当发现变压器有下列情况之一，厂站运行值班人员应尽快断开变压器电源，然后报告值班调控员：

6.2.7.1　内部发生强烈的放电声。

6.2.7.2　防爆膜破碎并喷油冒烟，或压力释放阀喷油冒烟。

6.2.7.3　套管严重破裂、放电、爆炸或起火，气体变压器套管接头严重发热。

6.2.7.4　变压器起火或大量跑油。

6.2.7.5　强油风冷（水冷）变压器的冷却装置因故障全停，超过允许温度和时间。

6.2.7.6　有载调压变压器，调压操作后，发现闸箱内部有打火音响、冒烟等异常现象。

6.2.7.7　变压器发生永久性的中、低压侧短路或其他危及变压器安全的故障而无法切除。

6.2.7.8　变压器附近的设备着火、爆炸或其他情况，对变压器构成严重威胁时。

6.2.8　备用变压器与运行的变压器应轮换运行。

6.2.9　三绕组变压器，220kV或110kV侧开路运行时，应将开路运行线圈的中性点接地，有零序保护的须投入零序保护。

6.2.10　三绕组变压器，35kV侧开路运行时应投出口避雷器或中性点避雷器。

6.3 断路器及隔离开关的运行

6.3.1 断路器、隔离开关的技术参数必须满足装设地点运行工况的要求。

6.3.2 任何情况下，高压断路器和高压隔离开关出现过负荷，应立即采取倒路措施，不能满足要求时采取拉路措施。

6.3.3 开关的液压机构打压频繁应及时报告值班调控员，在不影响负荷的情况下，值班调控员可命令运行值班人员拉、合开关一次，无效时由运行值班人员向有关单位汇报。

6.3.4 当开关 SF_6 气体压力降至分合闸闭锁时，运行值班人员应断开控制电源或停保护跳闸总出口压板，并立即报告值班调控员。

6.3.5 开关的液压（或空压）机构压力值降至分合闸闭锁时，运行值班人员应拉开油泵（或空压机）电源闸、断开控制电源或停保护跳闸总出口压板，并立即报告值班调控员及有关部门。

6.3.6 当开关压力降低至分合闸闭锁时，应采用下列方法隔离被闭锁的开关：

6.3.6.1 用旁路开关（或其他开关）经旁路母线代出，拉刀闸解环路隔离闭锁开关。

6.3.6.2 用双母线的母联开关串联带出，用母联开关断开电源，再隔离闭锁开关。

6.3.6.3 单母线运行的厂站采用刀闸隔离闭锁开关时，应将该母线所有负荷倒出后，可用刀闸拉开空母线或用上一级开关断开电源，再隔离闭锁开关。

6.3.7 开关出现下列情况之一，应报告值班调控员，立即停电处理：

6.3.7.1 套管有严重破损和放电现象。

6.3.7.2 少油开关灭弧室冒烟或内部有异常声响。

6.3.7.3　油开关严重漏油，油位看不见。

6.3.7.4　SF_6气室严重漏气发出操作闭锁信号。

6.3.7.5　真空开关出现放电声。

6.3.7.6　液压机构突然失压到零。

6.3.7.7　合闸后内部有放电音响。

6.3.8　组合电器（GIS）设备有下列情况之一的应立即停止该设备的运行：

6.3.8.1　设备内部有严重的放电声、爆炸声、振动声。

6.3.8.2　设备外壳破裂或严重变形、过热、冒烟。

6.3.8.3　防爆隔膜或释压阀动作。

6.4　架空及电缆线路的运行

6.4.1　线路（含电缆）的运行维护人员发现的设备缺陷，影响带负荷和安全运行的，应及时报告值班调度员，并说明应将负荷电流控制在多大范围以内；不能坚持运行的设备应申请停电。

6.4.2　架空线路安全电流数值控制详见附录 E；6~9 月按环境温度 40℃载流量控制，其他月份按 25℃载流量控制。

6.4.3　当变压器中、低压侧采用电缆与母线或母联开关连接时，不允许该电缆过载运行。设备正常运行时，设备负载系数达到 0.8 时，应加强监视，准备采取控制负荷措施；设备负载系数达到 0.9 时，负载继续增长且无下降趋势，应立即采取倒路措施（含单方向电源、三电源减为两电源）；设备负载系数达到 1.0 时，负载继续增长且无下降趋势，应立即采取倒路措施（含单电源、自投不具备等降低供电可靠性）；设备负载系数达到运行极限时，立即采取拉路措施。

6.4.4　35kV 及以上电缆线路不允许过负荷运行。设备正常运行时，设备负载系数达到 0.8 时，应加强监视，准备采取控制负荷措施；设备负载系数达到 0.9 时，负载继续增长且无下降趋势，应立即采取倒路措施（含单方向电源、三电源减为两电源）；设备负载系数达到 1.0 时，负载继续增长且无下降趋势，应立即采取倒路措施（含单电源、自投不具备等降低供电可靠性）；设备负载系数达到运行极限时，立即采取拉路措施。

6.4.5 35kV 及以上架空线路不允许过负荷运行。设备正常运行时，设备负载系数达到 0.8 时，应加强监视，准备采取控制负荷措施；设备负载系数达到 0.9 时，负载继续增长且无下降趋势，应立即采取倒路措施（含单方向电源、三电源减为两电源）；设备负载系数达到 1.0 时，负载继续增长且无下降趋势，应立即采取倒路措施（含单电源、自投不具备等降低供电可靠性）；设备负载系数达到运行极限时，立即采取拉路措施。故障情况下，架空线路过载达到 20% 时，线路运行不允许超过30min，过载超过 20% 时应立刻采取限制负荷措施。

6.4.6 对 35kV 及以上架空、电缆混合线路，按最小载流元件控制，出现最小载流元件负载系数达到 0.8 时，应加强监视，准备采取控制负荷措施；设备负载系数达到 0.9 时，负载继续增长且无下降趋势，应立即采取倒路措施（含单方向电源、三电源减为两电源）；设备负载系数达到 1.0 时，负载继续增长且无下降趋势，应立即采取倒路措施（含单电源、自投不具备等降低供电可靠性）；设备负载系数达到运行极限时，立即采取拉路措施。故障情况下，按最小载流元件控制，最小载流元件为架空线路的过载达到 20% 时，线路运行不允许超过30min，过载超过 20% 时应立刻采取限制负荷措施；最小载流元件为电缆线路的不允许过载运行。

6.4.7 原则上 10kV 电缆不允许过负荷运行（10kV 三芯铝缆、铜缆安全电流详见附录 F），故障情况下，当负载系数达到1.15 时，运行时间不允许超过 2h；当负载系数超过 1.15 或运行时间超过规定允许时间，应立即采取倒路措施；如不能满足要求时，应立即采取拉路措施。

6.5 消弧线圈的运行

6.5.1 消弧线圈的运行、停运及调整分头（自动调整分头者

除外）等，均应按值班调控员的命令执行。

6.5.2　消弧线圈的调整应采用过补偿的运行方式。消弧线圈的容量不足或其他特殊情况下，经本单位领导批准后可采用欠补偿的运行方式。原则上同一变电站各母线消弧线圈的补偿方式应一致。

6.5.3　系统正常运行方式下消弧线圈分头的选择原则以试验数据为准，应符合如下规定：

6.5.3.1　消弧线圈正常或检修方式时，当系统一相接地，通过故障点的电流不得大于如下数值：35kV 为 10A、10kV 为 10A。

6.5.3.2　正常或检修情况下，中性点位移电压不得超过相电压的 15%，即 35kV 系统为 3000V，10kV 系统为 900V。

6.5.3.3　经消弧线圈接地系统，判明是串联谐振时，值班调控员可改变网络参数，临时增加或减少线路予以消除后，再调整消弧线圈分头位置。

6.5.4　消弧线圈在系统接地运行时，允许连续运行时间以消弧线圈铭牌数据为准，但顶层油温不得超过 95℃（制造厂家另有规定者除外）；自动调分头者以现场运行规程为准。

6.5.5　当母线安装非自动调谐的消弧线圈（含未安装、未投运）时，每年由调控机构提出，设备管理部门组织有关单位对小电流接地系统变电站的母线进行所带各路出线的电容电流数值实际测量，并在测量完毕后一周内报地调。

6.5.6　地调负责按年进行消弧线圈运行情况统计分析，对存在问题提出改进意见。

6.6　并联电容器、电抗器的运行

6.6.1　电容器、电抗器的投入和停用，应按每季度调控机构下发的电压曲线执行（值班调控员下令投停的情况除外）。

6.6.2　电容器开关拉闸后至再次合闸，其间隔时间应大于 5min。

6.6.3 电容器温升过高、箱壳膨胀严重变形、漏油严重、瓷质破碎及内部放电等异常情况应及时停运更换。

6.6.4 电容器、电抗器起火、爆炸而保护拒动时，应立即将开关拉开。

6.6.5 装有自动投切装置的电容器、电抗器，当发现母线电压超过或低于允许值且电容器、电抗器未按要求自动投切时，应立即查找自动投切装置拒动原因并设法消除，否则应将自动投切装置停用，电容器、电抗器改为手动投切。

6.7 其他设备的运行

6.7.1 运行中的电流互感器一次电流不得超过额定值的 1.2 倍。

6.7.2 运行中的限流电抗器一次电流不得超过额定值的 1.35 倍。

6.8 对设备运行 N–1 故障的预控

6.8.1 在发生 N–1 故障情况下，将造成变压器过负荷达到故障后负载系数允许极限的负荷变电站，需停用有关母联开关自投装置。

6.8.2 在发生 N–1 故障情况下，变压器中、低压侧设备（不包括变压器中、低压侧线圈）过负荷达到负载系数允许极限的变电站，需停用有关母联开关自投装置。

6.8.3 在发生 N–1 故障情况下，将造成架空线路负荷达到故障后负载系数允许极限时，需停用部分变电站自投装置（母联自投或线路互投）。

6.8.4 在发生 N–1 故障情况下，将造成电缆线路满载或过载时，需停用部分变电站自投装置（母联自投或线路互投）。

7 设备停电计划管理

7.1 计划管理总则

7.1.1 北京电网发、供、用电设备的停电计划编制应遵循"统一调度、分级管理，综合平衡、风险可控"的基本原则。

7.1.2 停电计划信息应遵循"公平、公正、公开"的原则进行发布。

7.1.3 地调停电计划与市调发生矛盾时，应服从市调安排。

7.1.4 电网发、供、用电设备的改造、检修工期应严格按照有关规定和标准执行，特殊检修项目可根据具体情况确定。

7.1.5 停电计划的编制应全面考虑生产检修、基改建投产等方面的情况，统筹安排，尽量缩短停电检修时间，避免同一设备重复停电。

7.1.6 停电计划必须经过电网安全校核，制定并落实风险管控措施和反事故预案。

7.1.7 月度停电计划原则上按年度停电计划编制，日前停电计划应严格按照发布的月度停电计划编制。

7.1.8 带电作业必须向调控机构履行申请手续。

7.1.9 配电线路新送电、迁移、切改等工作，有关运行单位必须在送电前完成 GIS 图形、设备必要属性数据及位置信息的核对、修改工作，并在完工后 3 个工作日内，将配电图册的更新插页送达相关调控机构。

7.2 月度停电计划管理

7.2.1 地调每月 8 日（遇节假日则提前到休假前最后 1 个工

作日）负责组织调度范围内设备的月度计划编制工作，并经本单位主管领导批准。

7.2.2　地调每月 12 日前，将下月的月度停电计划报送市调，市调月底前发布下月的 110kV 及以上设备的月度停电计划。

7.2.3　地调的月度停电计划经本单位相关部门审核通过后，于月底前以公司文件形式发布，并抄送市调。

7.2.4　地调及客户变电站的 110kV 及以上设备的停电检修工作，可能造成负荷转移的，应提前报市调备案。

7.2.5　凡涉及基改建、线路迁改、停电时间大于 3 天的 110kV 及以上设备的检修工作，工程组织单位应提前制定施工方案及风险管控措施。

7.3　周停电计划管理

7.3.1　周停电计划的安排应结合月度停电计划进行编制。

7.3.2　0.4kV~10kV 设备计划检修工作每周五前（遇节假日提前至节假日前 1 天）安排隔周停电计划。停电计划应在 7 天前由有关部门向社会公告，在地调备案的需由地调直接通知的客户，在计划检修工作停电 7 天前通知，特殊情况由地调负责组织相关部门与客户协商解决。

7.3.3　安排周停电计划，申请单位必须带停电申请票、施工示意图及其他相关资料方可办理停电事宜。配电架空线路还应根据地调要求提供分段负荷数据。

7.4　日前停电计划管理

7.4.1　日前停电计划应严格按照发布的周停电计划进行编制。

7.4.2　周停电计划已安排的设备停电，工作单位仍需在计划停电前 4 个工作日（遇节假日提前至节假日前 4 个工作日）12 时前向地调申请，地调应在工作前 1 个工作日（遇节假日提前至节假日前 1 个工作日）12 时前批复。

7.4.3　周停电计划已安排的线路停电工作，申请单位应在 10 日前向地调递交停电申请票，地调应在工作前 1 个工作日

批复。

7.4.4 周停电计划已安排的各项工作，原则上不再进行调整，如有特殊原因需要变更时，需提前 4 个工作日向地调申请，地调应根据电网实际运行情况予以答复。

7.4.5 涉及 110kV 及以下的电网设备的基改建工程，申请停电时应向调控机构提供施工方案、设备参数等相关资料。如需公司设备管理部门出具投运批复的工程计划，调控机构未收到正式投运批复文件前不予安排停电，对于已完工具备投运条件的设备不得由于批复手续问题造成电网风险时间延长。

7.4.6 110kV 及以下输电线路测参数工作，线路运维单位应另行申请并报相关单位审查备案；110kV 及以下电缆线路加压试验或充电空载试验无需另行提出申请，但应在停电申请票上予以注明。

7.4.7 对送电有特殊要求的工作，在提交日前停电计划时一并报送经专业审核通过的送电方案。

7.4.8 各单位应按照停电计划批准的时间按时开展各项工作。已安排的停电工作因故不能进行时，申请单位应在工作前 1 个工作日 12 时前通知地调计划管理人员。

7.4.9 各单位应及时根据公司相关政治供电保障要求调整工作计划，并向地调申请调整停电计划。

7.4.10 因天气等原因不能工作时，申请单位应及时通知所属调控机构值班调度员和计划管理人员。

7.4.11 各地调安排检修停电时，应按各自的调度范围断开电源，如需相互配合工作时，应在计划票中注明。

7.4.12 非自动调谐消弧线圈的变电站 35kV 及 10kV 出线分属不同的地调，安排停电工作的地调计划管理人员必须在工作前 1 个工作日 12 时，将停电线路的电容电流通知调度此站消弧线圈的地调计划管理人员，后者需在 16 时前将安排结果答复对方，不论消弧线圈分头更改与否，均需拟定计划票，在计划票上注明所停线路的路名、工作内容、停送电时间、电容电流数值，消弧线圈分头更改情况，并注明调度范围划分。在工作当日操作前，双方值班调控员互相联系后，按相关规程规定的先后次序操作；工作完工后，值班调控员要及时通知对方。

7.4.13　凡变电站10kV母线设备停电工作，地调在计划批准后，及时通知相关调控机构，以便进行配合停电工作。

7.4.14　由相邻两供电公司分别供电的多电源客户，当其中一供电公司安排停电工作时，必须先征求另一供电公司意见，避免同时停电。

7.4.15　为了减少对客户的停电，相邻两供电公司之间的配电线路进行正常检修，具备互带条件时实行互带。执行互带工作10日前通知对方，并提供被带负荷的电流最大值，在执行互带操作前应通知对方值班调度员并得到同意后方可执行。

7.4.16　执行互带操作的前1日，计划管理人员必须通知对方供电公司地调计划管理人员互带操作的具体时间；执行互带操作当日，操作前需经对方值班调度员同意。

7.5　带电作业管理

7.5.1　10kV及以上线路的带电作业，施工单位工作票签发人或工作负责人认为需要停用重合闸时，应事先向调度申请，由值班调度员下令停用重合闸，并由停送电要令人向值班调度员要令后，才能进行带电作业。

7.5.2　因检修工作需要带电甩搭开关两侧引线或两路之间带电甩搭弓子线，均应在申报计划时，明确提出搭弓子的具体位置（线路之间、线路至母线等）、停用保护时间和具体工作时间。

7.6　调度客户计划停电管理

7.6.1　属地调调度范围内的电气设备需要检修的，或调度客

户自行管理设备有检修工作需操作双重调度设备，应安排月度检修停电计划，每月 15 日前持书面及电子申请资料，到地调安排次月的停电计划。

7.6.2　10kV 及以上调度客户自行维护线路的设备检修维护工作由客户向地调提出停电申请，并递交所画停电票，标明停电部位与带电部位。线路工区代维线路的设备检修维护工作由线路工区直接向地调提出停电申请。

7.6.3　因特殊情况未能安排月度计划且不涉及上级电源的，应提前 4 个工作日向地调提出申请。

7.6.4　已安排好的日前计划工作，必须在工作当日接受值班调控员的施工令后方可进行；所有工作完工，应及时向值班调控员交令。

7.6.5　非调度客户进行工作需停调度范围内线路或设备时，由各供电公司用电管理部门按本规程相关规定向调控机构办理停电申请。

7.7　临时计划停电管理

7.7.1　未列入年度、月度、周停电计划的设备检修为临时计划停电。

7.7.2　临时计划停电工作，设备运维单位应向设备管理部门、调控机构提出申请，经设备管理部门部确认停电的必要性后，调控机构根据电网运行情况，批复停电安排。

7.7.3　临时计划停电工作，应在工作前 4 个工作日 12 时前向地调申请（特殊情况除外）。

7.8　年月免申报停电管理

7.8.1　以下停电计划可纳入年月免申报停电管理：

7.8.1.1　待用间隔一、二次设备停电计划。

7.8.1.2　厂、站用变压器一、二次停电计划。

7.8.1.3　电容器、电抗器设备一、二次停电计划。

7.8.1.4　停用自动电压控制（AVC）计划。

7.8.1.5 保护处缺、改定值计划。

7.8.1.6 停用变压器非电量保护计划。

7.8.1.7 在已停电范围内新增工作内容的停电计划。

7.8.1.8 线路停用重合闸计划。

7.8.2 年月免申报计划必须提前4个工作日向地调申请，按照日前计划管理流程审批。

8 电网无功调控与电压管理

8.1 无功与电压管理

8.1.1 北京电网无功调控与电压管理，旨在通过对无功电源、无功补偿和调压设备进行合理调度，保证系统无功电压稳定运行，提高电网运行经济效益，并向用户提供电压质量合格的电能。

8.1.2 电压偏差是指缓慢变化（电压变化率小于1%/s）的实际电压值与系统额定电压值之差。发电厂和变电站的母线电压允许偏差值应遵循以下要求：

8.1.2.1 发电厂和220kV变电站的35kV~110kV母线正常运行方式下电压允许偏差为系统额定电压的 −3%~+7%，事故运行方式时为系统额定电压的 ±10%。

8.1.2.2 带地区供电负荷的变电站和发电厂（直属）的10kV母线正常运行方式下电压允许偏差为系统额定电压的0%~+7%。

8.1.3 发电厂和变电站的母线电压正常允许偏差范围应满足表1规定。

表1 发电厂和变电站的母线电压正常允许偏差 （kV）

电压等级	额定电压	正常范围
110	110	106.7~117.7
35	35	34~37.5
10	10	10~10.7

8.1.4　110kV 公司所属变电站，主变压器高压侧功率因数高峰负荷时不应低于 0.95；低谷负荷时不应高于 0.95，且不宜低于 0.92。

8.1.5　110kV 直供负荷大用户，主变压器高压侧功率因数不应低于 0.90，在任何情况下不应向电网倒送无功。

8.1.6　市调根据北京电网结构、运行方式及负荷特性，按季度编制电网电压控制曲线，并及时下发两级调度与相关厂站。

8.1.7　两级调控机构按照电压曲线及控制要求开展无功电压调整工作，根据调度权限划分对电网无功电源和无功补偿设备进行合理调度，保证正常方式下电网电压合格率和电压波动率符合相关导则要求，事故方式下应尽快将电网电压调整至合格范围。相关厂站应根据电压曲线进行实时监控。

8.1.8　值班调度员应保持电网电压处于正常水平，超出规定范围时，值班调度员应立即采取措施使电压恢复至正常水平。值班监控员应按要求监视母线电压，经自动控制电压仍超出规定范围时，应立即报告值班调度员。

8.1.9　电网电压调整按逆调压原则进行。调整电压的主要方法如下：

8.1.9.1　改变发电机组无功出力。

8.1.9.2　投退并联电容器、并联电抗器、静止无功发生器。

8.1.9.3　改变有载调压变压器分头。

8.1.9.4　利用停电机会改变无载调压变压器分头。

8.1.9.5　调整电网运行方式。

8.1.10　并入电网的常规发电机组应具备满负荷时功率因数在 0.85（滞相）~0.97（进相）运行的能力，新建机组应满足 0.95进相运行的能力。

8.1.11　风电场安装的风电机组应满足功率因数在 0.95（滞相）~0.95（进相）的范围内动态可调。相关调控机构应督导风电场无功配置满足相关标准和规定的要求。

8.1.12 光伏电站的光伏逆变器应满足额定有功出力下功率因数在 0.95（滞相）~0.95（进相）的范围内动态可调。相关调控机构应督导光伏电站无功配置满足相关标准和规定的要求。当逆变器的无功容量不能满足系统电压调节需要时，应在光伏电站集中加装无功补偿装置，必要时加装动态无功补偿装置。

8.1.13 各地调应组织开展典型负荷水平下的无功电压分析，针对电网电压运行情况、无功潮流平衡情况、无功设备补偿情况进行总结，并提出改进措施。

8.1.14 两级调控机构应参与规划、建设、检修等阶段中涉及电网无功平衡的设备选型、参数审核、质量验收及运行调试等工作。

8.1.15 凡与发、输、变、配电设备配套的无功补偿设备、调压装置、测量仪表等，均应与相关设备同步投运。

8.2 自动电压控制（AVC）系统调度管理

8.2.1 北京电网 AVC 系统按照分层分区协调控制原则运行，其运行控制及管理由市调负责；各地调在市调指导下进行调度范围内满足上下级协调控制的 AVC 系统运行控制及管理。

8.2.2 变电站和发电厂无功设备不得擅自退出 AVC 系统运行（紧急事故情况除外）。如需退出，应由厂站运行值班人员向相关调控机构值班调控员提出申请，经同意后方可退出。异常处理完毕后，应立即向值班调控员汇报并提出申请，得到允许后方可恢复，紧急事故情况除外。

8.2.3 变电站和发电厂无功设备发生紧急故障时，厂站运行值班人员可先将该设备退出 AVC 系统运行，并立即向值班调控员汇报，故障排除后应立即向值班调控员汇报并提出申请，得到允许后方可恢复。

8.2.4 地调 AVC 系统协调功能异常需退出相关功能时，应向市调提出申请，经同意后方可退出。异常处理完毕后，应立即向市调汇报并提出申请，得到允许后方可恢复。

8.2.5　发电厂的 AVC 子站装置，必须能够在与 AVC 主站通信中断接收不到控制指令时，自动转为当地按预置电压曲线闭环控制，当通信恢复接收到主站指令后自动恢复为主站 AVC 控制。

8.2.6　发电厂 AVC 子站装置检修试验等工作，均应列入检修计划并履行检修申请手续。

8.2.7　参加 AVC 运行的变电站及发电厂，应根据实际情况制定现场 AVC 运行管理规程。

9　电网操作管理

9.1　电网操作管理总则

9.1.1　属地调调控范围内的设备，改变其运行状态，均应由地调值班调度员发布操作指令或操作许可（规程中或批准书、协议书中有特殊规定的除外）。

9.1.2　操作指令分为单项操作指令、逐项操作指令及综合操作指令。

9.1.2.1　单项操作指令：简称单项令，指值班调度员向厂站运行值班人员或值班监控员发布的单一一项操作的调度指令。

9.1.2.2　逐项操作指令：简称逐项令，指值班调度员向厂站运行值班人员或值班监控员发布的操作指令是具体的逐项操作步骤和内容，要求按照指令的操作步骤和内容逐项进行操作的调度指令。

9.1.2.3　综合操作指令：简称综合令，指值班调度员给厂站运行值班人员发布的不涉及其他厂站配合的综合操作任务的调度指令。

（1）对于综合操作指令，值班调度员对操作任务的正确性负责，其具体的逐项操作步骤、内容以及安全措施，均由厂站运行值班人员自行按相关规程拟定。

（2）调控规程中有明确规定的综合令可以使用，禁止使用自编、自造的综合令。

9.1.3　操作许可：调度管辖的电气设备，在改变电气设备的状态和方式操作前，根据有关规定，由发电厂、输电、变电、配电、客户运行值班人员提出操作项目，值班调控员许可其操作。值班调控员发布操作许可后，现场仍需拟定详细操作步骤，其正确性由现场负责。

9.1.4 操作许可原则上只限当日，隔日工作不得操作许可，当日因故未完工作不在此列（电容器、电抗器等及停电范围内许可地线除外）。

9.1.5 操作许可原则上只限厂站内部工作，凡影响其他厂站运行方式、继电保护及安全自动装置运行的工作不得操作许可。

9.1.6 操作许可的适用范围：

9.1.6.1 电压互感器、避雷器的操作。

9.1.6.2 挂、拆停电范围之内接地线（或拉、合接地刀闸）的操作。

9.1.6.3 停、投保护的操作。

9.1.6.4 停、投备自投装置的操作。

9.1.6.5 并联补偿电容器、电抗器、静止无功发生器等无功补偿设备的操作。

9.1.6.6 发电机的并、解列、功率调整，自动发电控制（AGC）、电力系统静态稳定器（PSS）、一次调频功能投退等相关操作。

9.1.6.7 正常在热备用、冷备用位置设备本身工作的操作。

9.1.6.8 调整变压器分头的操作。

9.1.6.9 待用间隔的操作。

9.1.6.10 未运行间隔涉及与带电设备连接的操作。

9.1.6.11 10kV 公用变压器（柱上变压器、箱式变压器、配电室）0.4kV 低压馈线开关的操作。

9.1.7 值班调度员应对所发布操作指令的正确性负责，厂站运行值班人员或值班监控员必须正确执行值班调度员所发布的操作指令，必须清楚该项操作指令的目的和要求，对操作的正确性负责。

9.1.8 调度管辖范围内的设备，经操作后对其他调控机构管辖的系统有影响时，值班调控员应在操作前后通知有关调控机构及厂站。

9.1.9 值班调控员在决定操作前，应充分考虑以下问题：

9.1.9.1 运行方式改变后电网的稳定性和合理性，有功、无功功率平衡及备用容量，水库综合运用及清洁能源消纳等，防止故障的对策，电网安全措施和故障预案的落实情况。

9.1.9.2 操作引起的输送功率、电压、频率的变化，潮流超过稳定限额、设备过负荷、电压超过正常范围等情况。

9.1.9.3 继电保护及安全自动装置运行方式、变压器中性点接地方式、无功补偿装置投入情况是否合理，是否会引起过电压。

9.1.9.4 操作后对设备监控、通信、远动等设备的影响。

9.1.9.5 倒闸操作步骤的正确性、合理性及对相关单位的影响。

9.1.9.6 影响网架结构的重大操作前，相关调控机构应进行在线安全稳定分析计算。

9.1.10 值班调控员在操作前后、下收施工令前，应严格执行"四核对"，即核对停电计划票、操作指令票、调度自动化（配电自动化）系统图形数据（模拟图板）及现场运行方式，无误后方可执行。不具备设备状态自动采集的系统应在操作后进行人工置位，确保系统图形（图板）与现场运行方式一致。

9.1.11 对于现场设备等原因导致操作无法继续进行，值班调控员可终止其操作，并视情况撤销操作指令。厂站运行值班人员经值班调控员同意后按照双方约定的方式自行恢复设备运行。

9.1.12 设备停、送电操作的一般规定：

9.1.12.1 停电操作时，先操作一次设备，如工作需要，再停用继电保护。送电操作时，先投入继电保护，再操作一次设备。

9.1.12.2 对于安全自动装置，停电操作时，先按规定退出安全自动装置或对安全自动装置进行调整，再进行一次设备操作；送电操作时，先操作一次设备，设备送电后，再按规定投入安全自动装置或对安全自动装置进行调整（有特殊规定者除外）。

9.1.13　母差保护全部停用后，原则上不允许操作母线侧刀闸。

9.1.14　电网正常倒闸操作，应尽量避免在下列情况时进行：

9.1.14.1　值班调控员交接班时。

9.1.14.2　电网高峰负荷时段。

9.1.14.3　电网发生故障及异常时。

9.1.14.4　通信中断及调度自动化系统设备异常影响操作时。

9.1.14.5　该地区有重要政治供电任务时。

9.1.14.6　该地区出现雷雨、大雾、冰雹等恶劣天气时。

9.1.14.7　电网有特殊要求时。

9.1.15　值班调控员所发布的操作指令应使用设备的双重调度编号，其使用范围及相关规定如下：

9.1.15.1　对所有厂站（含调度客户）全部开关的操作指令。

9.1.15.2　除变电站、开关站、配电室 10kV 出线开关的各侧刀闸（含开关小车、刀闸小车）外，其余刀闸均应在调度号前加路名。

9.1.15.3　操作自投装置时开关不需使用双重编号。

9.1.15.4　变压器中性点刀闸在调度号前加所属变压器编号。

9.1.15.5　消弧线圈刀闸，接在母线上的电压互感器、避雷器、站用变压器刀闸应注明电压等级。

9.1.16　监控远方操作原则：

9.1.16.1　调控机构值班监控员负责完成规定范围内的监控远方操作。

9.1.16.2　下列情况可由值班监控员进行开关监控远方操作：

（1）具备条件的一次设备计划停送电操作：

1）地调调度的 35kV 及以上线路计划工作的开关、GIS 刀

闸（不含接地刀闸）的停电遥控操作，线路代路及正常倒母线计划操作除外。

2）地调调度的 10kV 配电线路计划工作，具备配电自动化功能的柱上或站室内断路器、负荷开关停送电遥控操作。

（2）故障停运线路远方试送操作。

（3）无功设备投切及变压器有载调压开关操作。

（4）仅需远方拉合开关的负荷倒供、解合环等方式调整操作。

（5）小电流接地系统查找接地时的线路试停操作。

（6）仅需投退具备遥控条件的自投、重合闸软压板的操作。

（7）故障及异常快速处置中拉合变压器中性点刀闸的操作（操作完毕后应由现场运维人员核查）。

（8）主站 AVC 系统的投退操作。

（9）故障处理前期因试送 10kV 母线投退变压器和接地变压器开关联跳软压板的操作。

（10）故障处理时因隔离故障对具备远方操作条件的 GIS 刀闸、接地刀闸、开关小车的操作。

（11）新设备启动过程中，具备配电自动化功能的 10kV 柱上或站室内断路器、负荷开关送电操作。

（12）用来检验遥控操作质量的设备状态操作、配电自动化设备晨操。

（13）其他按调度紧急处置措施要求的操作。

9.1.16.3　监控远方操作前，值班监控员应考虑设备是否满足远方操作条件以及操作过程中的危险点及预控措施，并拟写监控远方操作票，操作票应包括核对相关变电站一次系统图、检查设备遥测遥信指示、拉合开关操作等内容。

9.1.16.4　监控远方操作中，严格执行模拟预演、唱票、复诵、监护、记录等要求，若电网或现场设备发生故障及异常，可能影响操作安全时，值班监控员应中止操作并报告相关调控机构值班调度员，必要时通知厂站运行值班人员。

9.1.16.5　监控远方操作前后，值班监控员应检查核对设备名称、编号和开关、刀闸的分、合位置。若对设备状态有疑问，应通知厂站运行值班人员核对设备运行状态。

9.1.16.6　监控远方操作无法执行时，调控机构值班监控员可根据情况联系厂站运行值班人员进行现场操作。

9.1.16.7　设备遇有下列情况时，严禁进行开关监控远方操作：

（1）开关未通过遥控验收。

（2）开关正在检修（遥控传动除外）。

（3）集中监控功能（系统）异常影响开关遥控操作。

（4）一、二次设备出现影响开关遥控操作的异常告警信息。

（5）未经批准的开关远方遥控传动试验。

（6）不具备远方同期合闸操作条件的同期合闸。

（7）输变电设备运维单位明确开关不具备远方操作条件。

（8）设备操作后，无法按照安全规程规定可靠判定设备实际位置的一次设备、保护及自动装置软压板操作。

9.2　操作管理制度

9.2.1　操作指令的拟定：

9.2.1.1　根据停电计划票的工作任务、停电范围、方式安排等要求拟定操作指令票。

9.2.1.2　拟定操作指令前应做到以下要求：

（1）对照厂站接线图检查停电范围是否正确。

（2）根据实际需要对照厂站接线图与厂站运行值班人员核对工作内容、运行方式、停电范围及现场有关规定。

（3）了解电网风险，明确注意事项。

（4）发现疑问应核对清楚，不得凭记忆拟票。

9.2.2　操作指令票的填写标准：

9.2.2.1　操作指令票应在相关调度管理系统中填写。

9.2.2.2 必须注明操作任务。

9.2.2.3 按格式填写，一行写满，从下行左侧开始继续填写。

9.2.2.4 必须使用公司调控规程、规定的专业术语（详见附录 G），按照设备的双重调度编号原则填写调度操作票（典型操作指令示例详见附录 H）。

9.2.2.5 按操作顺序填写。

9.2.2.6 一张操作指令票只能填写一项操作任务。

9.2.2.7 操作指令票一般由主值（副值）填写，值长审核，填票人、审核人双方签字生效。

9.2.2.8 若有一步操作指令未能执行，应注明原因，并在此步操作指令上加盖"此行作废"章。

9.2.2.9 操作指令票执行完后，在紧靠最后一步操作的下面一行空白处加盖"已执行"章。

9.2.3 操作指令的发布与执行：

9.2.3.1 操作指令拟定完成后值班调度员应提前与厂站运行值班人员进行核对。所有电网操作均以值班调度员下达的正式操作指令为准，无原则问题或特殊情况，已经核对过的调度操作指令不得进行更改。

9.2.3.2 操作指令的发布无特殊情况应严格执行停、送电时间。

9.2.3.3 任何情况下，严禁"约时"停送电、"约时"挂拆地线和"约时"开工检修。

9.2.3.4 值班调度员在发布操作指令前，应征得同值调度员的同意。

9.2.3.5 涉及多方调控机构的操作时，任何一方对设备的操作影响另一方系统运行方式，应事先向另一方通报。

9.2.3.6 值班调控员应严格按操作指令票发布指令，遇有特殊情况操作步骤需要临时调整，必须重新履行操作指令的拟定手续。

9.2.3.7 值班调控员在发布操作指令时，必须冠以"命令"二字，受令人须主动重复操作指令，值班调控员须认真听取受令人重复指令，核对无误后方可允许其进行操作。

9.2.3.8 值班调控员在发布操作指令、施工令时，必须执行监护制度，一人下达命令，另一人进行监护。

9.2.3.9 发电厂、变电站（含客户变电站）站内工作需在停电范围内挂地线时，应按照设备调度权的归属由厂站运行值班人员向值班调度员申请，值班调度员在审核设备确系停电且有明显断开点后，可向变电站发布挂地线的操作许可指令，地线的许可指令应在下达施工令的同时下达。

9.2.3.10 发电厂、变电站（含客户变电站）等站内工作，凡需在线路侧挂拆地线或合拉线路侧接地刀闸的，一律由值班调度员下令，不允许由厂站运行值班人员自行操作；站内工作而线路有电时，值班调度员向现场下施工令时，应说明在停电范围以内地线操作许可，同时强调"线路带电"。

9.2.3.11 线路停电检修工作，站内设备线路侧地线或接地刀闸的操作，必须由值班调度员下达调度指令（新、改、扩建线路测参数等特殊情况除外）。

9.2.3.12 35kV 及以上线路停电检修工作，应将线路各侧开关及刀闸（含开关小车）拉开，在其线路侧各侧地线均挂好或接地刀闸合入后（当有不能挂或合入接地刀闸时值班调度员须向停送电要令人说明），值班调控员才能下达线路施工命令（特殊情况除外）。

9.2.3.13 在施工令下达后，运行值班人员可自行操作停电范围内的设备，完工交令前应恢复到自行操作前的状态（调度下令操作的设备不在此列）。

9.2.4 停电计划的执行：

9.2.4.1 设备的检修或试验虽经批准，但在开工前仍需得到值班调度员下达的施工令后方能进行。

9.2.4.2　以下人员可以接受施工令：

（1）地调直接调度的发电厂值长。

（2）地调直接调度的厂站运行值班人员（含调控机构、运维班人员）。

（3）客户调控机构及客户变电站运行值班人员。

（4）具备线路停送电要令权的人员。

9.2.4.3　对于双重调度的设备，运行值班人员在接到双方值班调度员下达的施工令后，方可开始工作。

9.2.4.4　任何停电检修（包括故障抢修）值班调度员必须保证停电范围内有明显的断开点（通过电气和机械等指示能够反映设备运行状态的柱上或站室内断路器、负荷开关、重合器、用户分界开关、GIS 电气刀闸等均视为明显断开点），断开点如具备配电自动化电动操作功能应下令将相关自动装置停用。

9.2.4.5　带电作业的工作，值班调度员需与厂站运行值班人员、线路停送电要令人严格核对工作范围，施工人员不得超范围工作。

9.2.4.6　同一停电范围内，当下达第一个施工令时，须征得同值调度员的同意。

9.2.4.7　线路停送电要令人应在调度批准的工作时间内申请要施工令，要令时必须报告姓名、停电票编号、所停路名、停电范围、工作内容，核对无误后值班调度员方可下达施工令。

9.2.4.8　厂站运行值班人员及线路停送电要令人在向值班调度员报告"工作完、可送电"前，必须将自行封挂的地线全部拆除。

9.2.4.9　线路（含电缆）工作完工后，应在现场及时交令，交令时向值班调度员报告姓名、停电票编号、所停路名、设备改变情况和相位有无变动、自行封挂地线是否全部拆除、人员是否撤离等，完工时设备的拉合状态应保持要令时的位置。

9.2.5 停电计划的延时管理：

9.2.5.1 申请单位应严格执行已批准的开工时间（恶劣天气除外），并不得擅自增加工作内容和延长工期。

9.2.5.2 检修工作因故无法按时完成，申请延期不超过当日24时，应由厂站运行值班人员或线路停送电要令人，在计划完工时间1h前，口头向值班调度员提出申请，值班调度员根据工作情况给予批复。

9.2.5.3 检修工作因故延期可能超过当日24时，应由申请单位的停电计划专责人在计划完工当日14时前向调控机构停电计划管理人员提出申请。批准延时的由停电计划管理人员变更计划完工时间，并及时通知调控运行人员。

9.2.5.4 受天气原因影响而不能按期完成的设备计划检修，可以根据天气情况办理停电计划延期。

9.2.6 影响调度客户用电的计划检修工作，因故不能按时送电时，相应调控机构应及时通知该客户。

9.2.7 计划检修工作因故延期造成客户不能按时恢复供电的，所属调控机构应及时通知相关人员做好信息发布及客户解释工作。

9.2.8 每一项工作施工完毕送电前，值班调度员必须共同检查有无配合工作，所有施工班组是否已交令，确属全部完工后方可下令恢复送电。

9.2.9 现场停送电要令人因故需进行更换时，原停送电要令人应向值班调度员交令，新停送电要令人重新办理要令手续。

9.2.10 线路停电工作，线路上可能来电的联络开关（含负荷开关）或刀闸处的地线及停电警示牌由线路施工人员负责挂、拆。

9.2.11 10kV装有配电自动化终端的架空线路，线路停电工作前，由值班调度员下令、设备运维人员操作，将一经合闸即可向停电检修线路送电的柱上或站室内断路器、负荷开关的自

动装置停用；完工恢复送电后，由值班调度员下令，再将其自动装置运行。

9.2.12 现场停送电要令人接到值班调度员施工令后，必须严格执行先验电、后挂地线再进行工作的顺序。

9.2.13 10kV 线路工作，凡需要停送电要令人进行现场操作后方能停电时，停送电要令人应按调度指令进行操作后开始施工，如有两个及以上工作班组时，第一个要令操作的停送电要令人应先向值班调度员回令说明操作已完，然后开始工作。

9.2.14 市调停电计划涉及对地调调度管辖范围内的设备停电时，按下列规定办理：

9.2.14.1 地调必须依据市调通知的停电时间将所管辖范围内需停电的设备停好（拉开相应开关、刀闸），并报市调；对客户造成停电的检修工作，各地调应严格按照通知客户的停送电时间执行。

9.2.14.2 市调调度设备恢复供电后，应及时通知相关地调恢复方式。

9.2.15 相邻两供电公司之间的线路，实行互带操作，必须由工作一方操作联络开关，操作中出现故障或异常应停止操作，由双方值班调度员协商解决，原则上应拉开联络开关，按规程各自处理所属设备故障异常情况。

9.3 基本操作

9.3.1 系统同期及并、解列：

9.3.1.1 系统并列条件：

（1）相序、相位相同。

（2）频率偏差应在 0.1Hz 以内。特殊情况下，当频率偏差超出允许偏差时，可经过计算确定允许值。

（3）并列点电压偏差在 5% 以内。特殊情况下，当电压偏差超出允许偏差时，可经过计算确定允许值。

9.3.1.2 并列操作必须利用同期装置。

9.3.1.3 解列时原则上将解列点有功功率调整到零,无功功率调到最小。

9.3.2 解、合环路操作:

9.3.2.1 合环前必须确知相序、相位正确,值班调度员应掌握上级网络的运行情况(应在同期状态),否则须向上级调控机构询问并征得同意。

9.3.2.2 解合环前必须考虑到环路内所有开关设备的继电保护和安全自动装置的使用情况,潮流变化是否会引起设备过负荷、过电压以及电网稳定破坏等问题。

9.3.2.3 变电站中、低压侧倒路时,应先在变压器高压侧合环并列(特殊情况除外),再进行倒路,但原则上应避免3台及以上变压器同时并列。现场或远方遥控进行合环操作时,应尽量缩短合环时间。

9.3.3 变压器操作:

9.3.3.1 变压器并列条件:

(1)接线组别相同。

(2)变比相等。

(3)短路电压相等。

当条件(2)、(3)不符合时,必须通过计算,确保任一台变压器不过载时,才允许并列运行。

9.3.3.2 110kV变压器投入运行时,必须先将中性点接地,然后再从高压侧给变压器充电。如该变压器在正常运行时中性点不应接地,则在变压器投入运行后,立即将中性点拉开。变压器发生故障各侧开关跳开后,在恢复供电时属于投空载变压器,应遵守本规定。

9.3.3.3 110kV及以下电压等级的内桥(含扩大内桥)接线变压器投入运行时,条件具备时应采用进线开关充电。

9.3.3.4 变压器停运时,先将低中压侧负荷倒出,将高压侧

中性点接地，由高压侧开关拉空载变压器。

9.3.3.5 下列情况可不考虑变压器中性点是否接地：

（1）拉路拉、合变压器上级电源开关。

（2）上级电源开关在运行中跳闸又送出。

（3）运行中的变压器进线开关无电后，自动（或手动）断开此进线开关，合入备用电源开关。

9.3.3.6 备用变压器有自投装置的应预先将备用变压器的中性点刀闸合上，在自投成功后，应将所投变压器的中性点刀闸拉开（中性点要求接地的除外）。

9.3.3.7 倒停变压器应检查并入的变压器（或母联开关）确实带负荷后，才允许操作要停的变压器，并应注意相应改变自投装置、消弧线圈的补偿、10kV 接地电阻和中性点的运行方式。

9.3.3.8 备用变压器与运行变压器应轮换运行，一般备用连续时间不宜超过半年。

9.3.4 负荷线路的操作原则：

9.3.4.1 停电操作时，先操作负荷侧变电站的进线开关刀闸，再操作电源侧厂站的出线开关刀闸；在线路各侧开关刀闸均断开的情况下，才能下令在线路上挂地线；送电时顺序相反。

9.3.4.2 线路有"T"接变电站的应先操作"T"接变电站；送电时线路恢复后再恢复"T"接站方式。

9.3.5 刀闸的操作：

9.3.5.1 电网正常时，110kV 及以下刀闸可以拉、合电压互感器、避雷器（附近无雷电时）、消弧线圈（系统无接地异常时）、另外一端断开的限流电抗器、空母线（特殊规定的除外）、开关的旁路电流、变压器中性点接地点。

9.3.5.2 拉开开关两侧刀闸时，应先拉开负荷侧、后拉开电源侧（开关两侧均带电的刀闸时，应考虑先拉开一旦造成带负荷拉刀闸对系统影响较小的刀闸，后拉开对系统影响较大的刀闸），恢复时顺序相反。

9.3.5.3 严禁带电用刀闸小车拉合 10kV 母线间联络电缆。

9.3.5.4 10kV 室内刀闸可以拉合 100kVA 及以下空载站用变压器。

9.3.5.5 35kV 及以下室外三联刀闸不得对检修完工的线路第一次合闸充电（经全电压试验合格设备除外）。

9.3.5.6 几种刀闸对变压器、线路、电缆的操作严格按照固定范围执行（详见附录 I）。对表中没有列出的其他型式刀闸以现场试验或厂家规定为准。

9.3.5.7 当一台操动机构同时驱动两台设备时，值班调度员仍按分别操作的顺序下达调度指令，现场人员的操作依据现场规程进行。

9.3.6 10kV 负荷开关，可带电拉合正常负荷电流、变压器空载电流、电缆及架空线的电容电流、合环电流，在事故处理过程中，可以用来带电分段试送以判断故障区域。

9.3.7 10kV 电缆分支箱（不含 10kV 电缆分界箱），不可进行带电插拔操作。

9.3.8 组合电器（GIS）的操作规定：

9.3.8.1 组合电器设备的带电显示器可以作为间接验电依据。合线路侧接地刀闸时，带电显示器有缺陷或无带电显示器的，厂站运行值班人员应立即报告值班调度员。值班调度员应核实线路对端开关、刀闸均在断开位置并按以下原则处理：当线路对端有条件验电时，则先挂线路对端地线；若线路对端无法验电时，可令本站继续操作。

9.3.9 10kV 小电阻接地系统的操作规定：

9.3.9.1 停送母线：

（1）母线停电时，先拉开待停母线的变压器主开关，后拉开对应接地电阻开关。

（2）母线恢复供电时，先合上对应接地电阻开关，后合上变压器主开关。

9.3.9.2 停送变压器（母线不停）：

（1）变压器停电时，先合上 10kV 母联开关，再拉开待停变压器 10kV 侧主开关，后拉开对应的接地电阻开关。

（2）变压器恢复供电时，先合上所停变压器对应的接地电阻开关，再合上所停变压器 10kV 侧主开关，后拉开 10kV 母联开关。

9.3.9.3 接地电阻开关检修：

（1）停接地电阻时，先合上母联开关，后拉开待停接地电阻所对应的变压器 10kV 侧主开关，再拉开该接地电阻开关。

（2）恢复接地电阻时，先合上所停接地电阻开关，后合上该接地电阻所对应的变压器 10kV 侧主开关，再拉开母联开关。

（3）若所停接地电阻所在母线上有备用接地电阻，则停电时，先合上备用接地电阻开关，后拉开待停接地电阻开关，恢复时顺序相反。

9.3.9.4 小电阻接地系统不允许失去接地电阻运行，接地电阻不允许长时间并列运行。

9.3.9.5 小电阻接地系统的操作如有特殊情况，按现场规定执行。

9.3.10 消弧线圈的操作：

9.3.10.1 在电网接地时或中性点位移电压大于正常相电压的 30% 时，不允许拉合消弧线圈的刀闸。

9.3.10.2 负荷开关在任何情况下均可停、投消弧线圈。

9.3.10.3 消弧线圈由一台变压器倒至另一台变压器运行时，应严格按照先拉后合的顺序操作，严禁将一台消弧线圈同时接于两台变压器中性点上运行。

9.3.10.4 调整消弧线圈分头位置时，必须将消弧线圈退出运行，严禁在消弧线圈处于运行状态下调整分头（装有有载分接开关的消弧线圈除外）。

9.3.10.5 消弧线圈在系统发生接地时，应禁止调整分头位置

（装有有载分接开关的消弧线圈除外）。

9.3.10.6　手动调整消弧线圈分头的操作顺序：

（1）过补偿系统，电容电流增加时应先改分头；电容电流减少时应后改分头。

（2）欠补偿系统，电容电流增加时应后改分头；电容电流减少时应先改分头。

9.3.11　核相规定：

9.3.11.1　未核相的系统之间应有明显断开点。

9.3.11.2　各级调度范围内的设备需进行核相，均应先向值班调度员要令并经同意后方可进行。

9.3.11.3　在有条件进行二次核相时，应优先采用二次核相。

9.3.11.4　核相正确后，有条件的应试环一次。

9.3.11.5　线路工作有可能造成相位变动需要核相时，停电申请单位应在停电申请票上注明，恢复送电时必须安排核相；施工单位确保相位不动时，停电申请单位应在停电申请票上注明不需核相。

10 电网故障及异常处理

10.1 电网故障及异常处理的原则

10.1.1 值班调度员为处理电网故障及异常的指挥者，对处理的正确性负责。

10.1.2 在处理故障时，值班调控员的主要任务是：

10.1.2.1 迅速对故障情况做出正确判断，限制故障发展，切除故障的根源，并解除对人身和设备安全的威胁。

10.1.2.2 用一切可能的方法保持电网的稳定运行。

10.1.2.3 尽快对已停电的客户恢复供电，优先恢复重要客户的供电。

10.1.2.4 及时调整系统的运行方式，保持其安全运行。

10.1.2.5 通知有关运行维护单位组织抢修。

10.1.3 电网发生故障时，有保护动作、开关跳闸的相关厂站运行值班人员和值班监控员应及时、清楚、正确地向值班调度员报告，报告时应冠以"报故障"三字，主要内容包括：

10.1.3.1 时间、设备名称及其状态。

10.1.3.2 继电保护和安全自动装置动作情况（主要是动作于开关分合闸的信息）。

10.1.3.3 出力、频率、电压、电流、潮流等变化情况。

10.1.3.4 当日站内工作及现场天气情况等。

10.1.3.5 仔细检查后，将设备损坏情况报值班调度员。

10.1.3.6 其他电压、负荷有较大变化或保护装置有动作信号的厂站，运行值班人员和值班监控员也应向值班调度员报告。

10.1.4 与故障无关的单位或个人不得在故障发生时向值班调控员询问故障情况，或占用调度电话向其他单位了解情况。地调调度的设备发生故障波及市调所辖电网时，应立即向市调值班调度员汇报。

10.1.5 处理故障时值班调度员可不填写操作指令票，下达操作指令时冠以"故障处理"，值班监控员和厂站运行值班人员不填写操作票，双方均应做好记录。故障处理原则和步骤应经同值调度员同意。

10.1.6 设备出现异常或危急缺陷时，能否坚持运行、需带电或停电处理应以现场报告和要求为准。

10.1.7 开关运行中出现异常或危急缺陷时，紧急情况下需要将异常设备隔离停用或拉合操作，条件具备时先将所带负荷倒出。

10.1.8 故障造成变电站母线及其出线失电，电源侧无法恢复送电且母线本身无故障，隔离故障点后，可通过站间联络线路进行反带，恢复停电负荷。

10.1.8.1 反带措施仅在电网故障情况下快速恢复停电负荷时采取，电网正常运行中不得应用。

10.1.8.2 采取反带快速恢复负荷时可暂不考虑保护、自投配合的要求，反带方式若长时间无法恢复，应对保护、自投情况进行校核。

10.1.8.3 在采取反带操作时，要充分考虑线路负载能力，防止出现设备过载运行。

10.1.8.4 故障处理完毕后，应采取先合入正常电源，再断开联络电源的措施，恢复正常运行方式。

10.1.9 故障发生后，值班调控员应及时通知设备运维单位，并立即收集监控告警、故障录波、工业视频等相关信息，对故障情况进行初步分析判断，具备监控远方试送操作条件的，应进行监控远方试送。

10.1.9.1　故障发生后，值班监控员应利用视频监视系统对变电站跳闸设备进行初步检查，并查看事故发生时刻前 3min 故障区域的视频回放，确认无明显打火、爆炸等情况；同时确认变电站未伴随发出消防系统（变电站火灾）动作报警后，方可进行远方试送。

10.1.9.2　对于不具备视频监视功能（含摄像头损坏、不清晰）的，或视频回放无法观看的，或消防系统存在频发、误发等缺陷的变电站，值班调控员应立即通知运维人员到站检查设备，现场未反馈检查结果前原则上不得远方试送（厂站全停情况除外）。

10.1.10　若存在以下情况的，原则上不得远方试送。

10.1.10.1　值班监控员发现站内设备不具备远方试送操作条件。

10.1.10.2　厂站运行值班人员及输变电设备运维人员汇报由于严重自然灾害、山火等导致线路不具备恢复送电的情况。

10.1.10.3　待试送设备存在影响正常运行的异常告警信息不得远方试送，影响远方试送的异常告警信息（详见附录 J）。

10.1.10.4　相关规程规定明确要求不得试送的情况。

10.1.11　因工作人员在工作中造成故障，应立即由厂站运行值班人员或线路停送电要令人向值班调度员汇报。

10.1.12　线路跳闸，值班调度员应通知相关单位查线。

10.1.12.1　确认故障为瞬间（非永久性）故障时，应通知带电查线。

10.1.12.2　确认故障为永久性故障时，应通知事故查线。

10.1.12.3　带电查线或事故查线，查线人员均应视线路带电。

10.1.12.4　架空、电缆混合线路应同时通知运维单位。

10.1.13　故障查明后，厂站运行值班人员或输变电设备运维人员必须立即向值班调度员报告。需要处理时，必须向值班调度员申请，得到施工令后方可进行抢修。

10.1.14　多路电源的变电站，当一路电源无电，无自投装置和自投装置失灵时，在确知非本站故障引起的情况下，值班监控员和厂站运行值班人员应严格按照先拉开无电进线开关、再合上备用电源开关的顺序，迅速恢复本站供电（自投装置下令停用时除外），然后报值班调度员。

10.1.15　线路在带电作业期间跳闸，工作人员应视设备仍然带电。停送电要令人应立即与值班调度员联系，值班调度员未与停送电要令人取得联系前不得强行送电。

10.1.16　市调调度范围内的设备发生故障，市调值班调度员应通知受影响的地调和客户进行相应处理。

10.1.17　地调调度范围内设备发生故障时，地调值班调度员应按照调度系统重大事件汇报制度及时报告市调值班调度员。

10.1.18　10kV 系统故障处理，原则上只在本单位调度范围内倒闸操作，如需往相邻供电公司倒负荷时，必须先通知相邻供电公司值班调度员，经同意后再操作。

10.1.19　变电站一条 10kV 母线带两个及以上供电公司的负荷，当发生线路故障停电或恢复故障线路时，应及时将减少或增加的电容电流值，通知调度管理该站消弧线圈的值班调度员。不论消弧线圈分头更改与否，后者均应拟定临时计划票，详细注明有关内容。

10.2　电网发生解列故障后的处理原则

10.2.1　地调值班调控员应根据市调值班调度员的通知，暂停一切操作，未经允许不得擅自进行倒闸操作，以防发生非同期并列。

10.2.2　未经市调值班调度员同意，不得擅自将小系统内自动装置切除的负荷恢复供电。

10.2.3　地调应考虑自投装置动作后负荷对小系统的影响，必要时根据市调值班调度员通知下令停用自投装置。待系统恢复正常后，再根据市调通知将自投装置恢复运行。

10.2.4　如小系统出力不足，地调根据市调值班调度员的命令

进行事故拉路时，应严格控制拉限负荷数量。

10.3 发电机故障的处理

10.3.1 发电机跳闸或异常，发电厂运行值班人员应立即汇报值班调度员，并按现场规程进行处置。

10.3.2 发电机失去励磁且失磁保护拒动，发电厂运行值班人员应立即将发电机解列。

10.4 变压器故障的处理

10.4.1 变压器故障跳闸后，值班调控员应做到以下要求：

10.4.1.1 了解运行变压器及相关设备负载情况。

10.4.1.2 了解安全自动装置动作情况、中性点运行方式。

10.4.1.3 解决设备过载问题，调整中性点运行方式，满足电网运行要求。

10.4.2 根据保护动作情况进行处理。

10.4.2.1 瓦斯保护动作跳闸不得试送，经现场检查、试验判明是瓦斯保护误动时，可向值班调度员申请试送1次。

10.4.2.2 差动保护动作跳闸，现场查明保护动作是由于变压器外部故障造成，并已排除，可向值班调度员申请试送1次。

10.4.2.3 变压器因过流保护动作跳开各侧开关时，应检查变压器及母线等所有一次设备有无明显故障，检查所带母线出线开关保护有无动作，如有动作但未跳闸时按越级跳闸处理，先拉开此出线开关后再试送变压器。如检查设备均无异状，出线开关保护亦未动作，可先拉开各路出线开关试送变压器1次，如试送成功再逐路试送各路出线开关。

10.4.2.4 变压器中、低压侧过流保护动作跳闸时，现场运维人员应检查所带母线有无故障点，有故障点时，排除故障点后，用主变压器开关试送母线。现场无运维人员时，监控值班员通过视频检查未发现所带母线设备明显故障，应用主变压器开关试送母线。下列情况按越级跳闸处理：

（1）线路保护动作开关未跳，应拉开该开关，试送主变压器开关。

（2）线路保护动作，出线开关与主变压器开关同时跳闸，直接试送主变压器开关。

（3）线路保护无动作显示时，应拉开各路出线开关试送主变压器开关，试送成功后逐路试送各路出线开关，试送中主变压器开关再次跳闸，拉开故障线路开关后试送主变压器开关。

（4）线路保护无动作显示时，出线开关与主变压器开关同时跳闸，直接试送主变压器开关。

（5）主变压器联跳出线开关时，若无线路保护动作，应按照上述第（3）条处理。

（6）对于经消弧线圈接地的 35kV 或 10kV 系统，应在母线充电后先行投入消弧线圈。对于未装设自调谐消弧线圈的，母线所带负荷恢复后，由相关值班调度员下达调度指令调整消弧线圈分头位置。

（7）在故障处置结束后向值班调度员报告。

10.4.2.5 瓦斯、差动保护同时跳闸，未查明原因和消除故障之前不得试送。

10.4.2.6 气体变压器因本体、闸箱、电缆箱气体压力保护动作跳闸，未查明原因前不得试送。

10.4.2.7 强迫循环的变压器冷却设备全停，原则上不应停用"冷却器全停跳闸"保护，如需强行停用应由公司领导批准。同时，值班调度员立即执行倒负荷措施，负荷倒出后立即拉开变压器各侧开关，厂站运行值班人员立即检查冷却设备全停原因，设法恢复冷却设备。

10.4.3 变压器冷却设备全停跳闸，冷却系统未恢复前原则上不强送变压器。强迫气体循环风冷变压器冷却设备全停跳闸后，若影响站内照明或影响重要负荷，可以强送变压器（先停"冷却器全停跳闸"保护），但应严格将负荷控制在额定负荷的30% 以内。

10.5 35kV 及以上线路开关跳闸的处理

10.5.1 单电源线路开关跳闸：

10.5.1.1 线路开关跳闸后，重合闸投入而未动作，厂站运行值班人员或值班监控员应立即试送 1 次（如不允许立即试送的应列入现场规程），然后报告值班调度员。

10.5.1.2 开关跳闸重合不成功，值班监控员、厂站运行值班人员及输变电设备运维人员应立即收集故障相关信息，并汇报值班调度员，检查开关外部情况（无人站通过视频检查），如现场开关设备无异状，值班调度员可下令试送 1 次。

10.5.1.3 试送不成功时，值班调度员应命令检查站内设备情况并了解线路对端各厂站设备情况，应根据线路接线情况做分段试送，造成客户停电的架空线路（含重合闸投入的架混线路），可再试送 1 次。

10.5.1.4 分段试送应从首端（电源侧）开始，以下一级站的线路开关或刀闸作为分段点，分段试送时应停用重合闸（无法停用的除外），剩最后一段也应试送。

10.5.2 35kV 及以上全线电缆线路开关跳闸不试送。

10.5.3 35kV 及以上架空线和非充油电缆混合线路跳闸故障试送应采取以下方式处置：

10.5.3.1 直接造成停电或造成变电站单电源等严重威胁电网安全的，可立即试送；其余情况，待电缆线路（含交叉互联部分）查线无问题后，再试送线路。

10.5.3.2 线路装有故障定位装置的，厂站运行值班人员及输变电设备运维人员应及时向值班调度员上报故障定位结果；故障定位在非电缆段的线路，值班调度员可进行试送。

10.5.4 各发电厂、变电站应明确规定线路开关允许遮断短路故障的累计次数，并列入现场规程。厂站线路开关大修后遮断短路故障的累计次数，由厂站运行值班人员负责统计掌握。当开关遮断短路故障的累计次数达到允许次数时，厂站运行值班人员应立即报告相关调控机构，提出运行建议。

10.5.5 当电网发生线路跳闸，造成大面积停电或威胁到电网安全稳定运行时，值班调控员可以根据电网运行情况，可不待现场设备检查结果，对跳闸线路进行试送。

10.6 35kV 小电流接地系统接地的处理

10.6.1 查找接地线路的步骤：

10.6.1.1 当发生接地时，值班监控员或厂站运行值班人员应检查站内设备情况，并将检查结果及消弧线圈的电压、电流、母线的相电压及线电压报告值班调度员。

10.6.1.2 值班调度员根据值班监控员或厂站运行值班人员的报告，判明确实发生接地时，选择最先试停的线路。

10.6.1.3 优先试停空充线路。

10.6.1.4 利用两系统倒路的方法分割网络。

10.6.1.5 利用 35kV 双母线倒路或利用旁路开关代路方法查找接地。

10.6.1.6 重要客户的线路最后试停。

10.6.1.7 剩最后一路也应试停。

10.6.2 接地线路经试停找出，一般处理原则如下：

10.6.2.1 确定接地线路为电缆线路（含架混线路）时，值班调控员应立即远方切除接地线路或区段（含造成客户停电的单电源及重要客户外电源线路），不具备远方操作条件的，应立即通知厂站运行值班人员现场操作。

10.6.2.2 确定接地线路为架空线路时，空充备用或负荷可以倒出的，应在负荷倒出后将接地线路停止运行，并通知有关人员进行处理；所带负荷无法倒出的，应立即通知所带客户故障情况，做好停电的准备。可坚持到设备的接地连续运行允许时间最长为 2h，现场有特殊规定的以现场上报为准。

10.7 10kV 线路开关跳闸的处理

10.7.1 架空线路及架空、电缆混合线路开关跳闸，值班监控

员或厂站运行值班人员应检查保护动作情况，无论重合闸动作与否，应立即试送一次（正常重合闸停用、无重合闸及另有规定者除外，且各厂站应将不允许试送的开关列入现场规程），并将试送结果立即报值班调度员。

10.7.2　应杜绝带故障点多次全线试送，原则上只允许全线试送 1 次，对于造成重要客户或常态化保障客户停电的情况可全线试送 2 次。全线试送不成功，应进行分段试送，逐步恢复非故障区域客户供电。短时间内多次跳闸全线试送累计不得超过 2 次，设备若不能坚持运行由设备运维人员报告值班调度员申请停运。

10.7.3　具备配电自动化故障自愈功能的线路发生永久性故障后，值班调控员不做手动试送，由配电自动化系统自动判断并隔离故障区间，自动完成非故障区域的转供电，值班调控员将故障区域及转供区域的信息及时通知设备运维和故障抢修人员。

10.7.4　电网运行方式变化导致配电线路原有自愈逻辑失效时，应及时停用该线路自愈功能，自愈策略更新后方可重新投入。

10.7.5　线路分段试送的原则：

10.7.5.1　具备配网自动化监控系统或线路带有故障指示装置的，应首先依据系统判断或故障指示装置动作情况进行分段试送。下令隔离判断故障区域后，恢复非故障区域供电，并通知抢修人员查找故障点。

10.7.5.2　线路装有柱上断路器、负荷开关、重合器等分段开关时，可利用分段开关直接进行试送。线路无分段开关时，可适当以刀闸作为试送分段点（停电操作刀闸），严禁带电利用刀闸直接试送线路。

10.7.5.3　无故障指示信息情况下，应从首端（电源侧）开始，往负荷侧顺序试送。应综合考虑线路分段开关（刀闸）的安装数量，宜采用"二分法"进行分段试送。

10.7.5.4　分段试送时重合闸应停用（单相接地故障或特殊情况下可不停用重合闸），剩最后一段也应试送。

10.7.5.5　确认故障段后由值班调度员通知抢修人员对该段线路进一步查找，用户产权设备通知用电检查人员协调用户查找。查找内容如下：

（1）该段范围内线路有无故障点。

（2）该段范围内高压客户、小区配电室进线处所装的跌落式熔断器、用户分界负荷开关或故障指示器等设备的动作情况。

（3）如未发现故障点，则可将高压客户、小区配电室进线开断设备全部拉开，再试送该段线路。

（4）视情况对所拉高压客户、小区配电室分别进行试送（停电操作刀闸）。

10.7.5.6　对有故障的高压客户或小区配电室，拉开进线开断设备（包括刀闸）后，值班调度员应及时通知设备管理单位。

（1）高压客户通知用电检查单位（含客户进线电缆）。

（2）小区配电室通知所属运维单位。

（3）所停高压客户、小区配电室为相邻供电公司管辖时，本单位值班调度员应通知对方值班调度员。

（4）故障处理完毕的高压客户进线开断设备（包括刀闸），由用电检查或相关部门确认客户内部进线开关在断开位置后报相关地调，经值班调度员许可后抢修人员带电发出。

（5）故障处理完毕的小区配电室进线开断设备（包括刀闸），由抢修人员确认小区内部进线开关在断开位置后报相关地调，经值班调度员许可后由抢修人员带电发出。

10.7.6　全线电缆开关跳闸，值班监控员或厂站运行值班人员不做试送，立即报告值班调度员。值班调度员按以下要求处理：

10.7.6.1　配电自动化系统或线路故障指示装置有指示，隔离

故障区段后可试送线路。

10.7.6.2　配电自动化系统或线路故障指示装置无任何指示，且造成所带客户停电时，可进行分段试送（对于双路户可将故障线路的进线开关拉开）。

10.7.6.3　视重要性可进行分段试送。

10.7.7　双电源线路开关跳闸（指线路对端厂站有发电机并网运行的线路开关）：

10.7.7.1　双电源线路开关跳闸运行值班人员不试送，值班调度员必须判明线路无电（对方发电机解列）的情况下才允许试送。如线路有电压必须判明确是同期系统，才能下令合开关，否则需同期并列。

10.7.7.2　判明线路无电后的处理按相关规定执行。

10.7.8　多路开关同时跳闸可按单路跳闸分别处理。如两路开关跳闸经判明系不同相接地造成（可分母线判断），此时按接地处理。

10.7.9　小电阻接地系统配电开关零序保护动作跳闸，在未查出故障点前，停电线路段不宜倒入不接地系统。

10.8　10kV 小电流接地系统接地的处理

10.8.1　查找接地线路的步骤（有特殊规定者除外）：

10.8.1.1　接地情况发生后，值班监控员或厂站运行值班人员应将母线的相电压、线电压、消弧线圈的电压、电流报告值班调度员。值班调度员根据报告的情况，判明是否真实接地，因TV 断保险造成电压异常应更换保险解决；因操作引起补偿不适的应调整消弧线圈分头解决。

10.8.1.2　带电检查站内设备。

10.8.1.3　优先试停配电自动化、故障指示装置、接地选线装置选出的线路，装有柱上断路器、负荷开关、重合器的应分段试停。

10.8.1.4　试停空充线路。

10.8.1.5 两组及以上变压器的变电站，可以解开母联分段开关判明是哪一段母线接地。

10.8.1.6 试停一般客户的线路和分支线较多较长的线路。

10.8.1.7 试停分支线较少较短的线路。

10.8.1.8 重要客户的线路，当站内有两台变压器且主母线分段、互助母线不分段并有备用开关者，先用通过互助母线倒路办法鉴别出接地线路，找出该路后亦应试停一次。如无上述条件时可直接试停，若该户有其他电源线路且为小电流接地系统时，应先进行倒路再试停。

10.8.1.9 剩最后一路也应试停。

10.8.1.10 经试停找出的接地线路或路段原则上不再坚持运行。电缆线路（含架混线路）发生永久性单相接地时，在确定接地线路后，值班调控员应立即远方切除接地线路或区段（含造成客户停电的单电源及重要客户外电源线路），不具备远方操作条件的，<u>应立即通知厂站运行值班人员到站操作</u>。

10.8.1.11 接地线路拉停后应进行分段试送查找接地点，分段应从首端开始（出站电缆较长者也作为一段），从电源侧往负荷侧顺序试送，当试送到最后一段时也应试送一次。试出的接地路段停止运行，通知有关单位进行事故查线。

10.8.1.12 线路装有柱上开关、负荷开关、重合器等分段开关时，可利用分段开关进行试送。线路无分段开关时，可以刀闸作为试送分段点（停电操作刀闸），严禁带电利用刀闸直接试送线路。

10.8.1.13 当试送到带开闭器负荷开关的线路段时，应首先检查开闭器负荷开关的故障指示情况。如有故障指示的，则拉开该开闭器负荷开关后将其余线路送出。

10.8.1.14 当架空线路查不出明显接地点时，可短时送电由抢修人员带电查线（线路接地运行时间累计不超过 2h）。

10.8.1.15 接地路段未查出明显故障时，拉开该段内所有客

户及小区配电室进线开断设备（包括刀闸），再逐个试送直至查出故障。

10.8.2 处理接地的一般原则：

10.8.2.1 以配电自动化、故障指示装置、接地选线装置选出的线路优先试停。

10.8.2.2 试停时应采用拉合开关的方法。

10.8.2.3 正常情况下 10kV 相电压不平衡，最低相电压低于 3kV 且系统无操作而非 TV 断保险时，即按接地处理。

10.8.2.4 寻找接地点时，允许用变压器一次保险拉 320kVA 及以下的变压器（应先拉低压刀闸）查找故障。

10.8.2.5 两路电源出自同一厂站同一母线（如检修方式下）的调度客户应直接试停。

10.8.2.6 不接地系统发生接地时，严禁倒入小电阻接地系统。

10.8.3 变电站 10kV 一条母线带两个及以上供电公司负荷时，发生接地故障的处理原则如下：

10.8.3.1 配电自动化、故障指示装置、接地选线装置选出是哪一条线路，则由管辖该线路的地调值班调度员直接下令试停。

10.8.3.2 无指示信息判断出哪条线路接地时，由管辖该站的地调值班调度员负责与其他相关地调联系，具体试停次序双方事先协商好，不允许不分客户轻重先试停一个地调调度的线路，再试停另一个地调调度的线路。

10.9 10kV 开关站故障的处理

10.9.1 接入配电自动化系统的开关站上级电源失电后，若进线主开关断开而母联自投失败时，值班调控员应立即遥控操作合上母联开关，如不成功立即通知运维人员赴现场检查设备。

10.9.2 开关站进线电缆故障造成上级变电站开关跳闸，开关站自投成功时，值班调控员不做试送，线路转检修进行处理。

10.9.3　因故障造成开关站母线及其进出线停电时，按以下要求处理：

10.9.3.1　值班调控员不做试送，立即通知运维人员现场检查站内设备，已接入配电自动化系统的应将相关保护动作信息告知运维人员。

10.9.3.2　经检查，开关站母线有故障点时，现场排除故障点后，值班调控员遥控操作上级变电站恢复 10kV 线路送电，再用开关站进线开关恢复母线送电，无问题后将出线逐路送出，优先对重要客户、停电客户恢复送电。

10.9.4　现场检查无明显故障点时，按越级跳闸处理。

10.9.4.1　开关站出线线路保护动作而开关未跳开，应拉开该开关，遥控操作上级变电站恢复 10kV 线路送电，再试送开关站进线主开关。

10.9.4.2　开关站出线线路保护无动作显示时，应拉开各路出线开关，再遥控操作上级变电站恢复 10kV 线路送电，再试送开关站进线主开关，母线恢复送电后逐路试送各出线开关，试送中再次跳闸，拉开故障线路开关后再进行试送。

10.9.4.3　开关站出线开关与主开关同时跳闸，应遥控操作上级变电站恢复 10kV 线路送电，再试送开关站进线主开关。

10.9.5　若上级变电站 10kV 线路试送不成功，开关站出线具有互倒互带能力（架空线路第三电源、双环网等）时，采取反带措施合上联络开关及其对应出线开关，优先恢复重要客户供电，再视设备负载情况逐步送出其余负荷。

10.10　母线故障的处理

10.10.1　带负荷的 110kV 及以下单电源母线发生故障时，故障点明显且仅用倒闸操作的手段无法隔离故障恢复负荷时，厂站运行值班人员应立即将故障母线所有开关断开、小车拉出（拉开线路侧刀闸）后上报值班调度员，以便将停电负荷由其他电源带出。

10.11　无功设备故障的处理

10.11.1　电容器、电抗器等无功设备开关跳闸不得试送，待排除故障后方可再次投运。

10.11.2　无功设备故障跳闸后，值班监控员或厂站运行值班人员应加强母线电压监视，必要时向值班调度员申请投入备用无功设备，确保母线电压保持在合格范围内。

10.12　电压互感器故障的处理

10.12.1　110kV 的电压互感器发生故障，应由厂站运行值班人员判明故障原因，如果故障电压互感器不能用刀闸带电拉开时，必须倒路后用开关切除。

10.12.2　35kV 及以下电压互感器，装有限流电阻或合格熔断器的，当发生异常需退出运行时可用刀闸或插头断开。

10.12.3　在停用电压互感器时，值班调控员应考虑对继电保护、安全自动装置等的影响。

10.13　开关异常的处理

10.13.1　开关的液压机构打压频繁，值班调度员可命令厂站运行值班人员或值班监控员采取不停负荷拉、合的方法解决，无效时视具体情况停开关处理。

10.13.2　当开关因本体操动机构异常出现"合闸闭锁"尚未出现"分闸闭锁"时，值班调控员立即通知厂站运行值班人员现场检查，可视情况下令拉开此开关。

10.13.3　当开关因本体操动机构异常出现"分合闸闭锁"时，值班调控员应采用下列方法隔离闭锁开关。

10.13.3.1　用旁路开关（或其他开关）与闭锁开关并联，用刀闸解环路使闭锁开关断电。

10.13.3.2　用母联开关与闭锁开关串联，用母联开关断开电源，再用闭锁开关两侧刀闸将闭锁开关隔离。

10.13.3.3　如果闭锁开关所带元件（线路、变压器等）有条件停电，则可先将对端开关拉开，再按上述方法处理。

10.13.3.4 单母线运行的厂站采用刀闸隔离闭锁开关时，应将该母线所有负荷倒出后，可用刀闸拉开空母线或用上一级开关断开电源，再隔离闭锁开关。

10.14 电网电压异常的处理

10.14.1 为保证电压质量和电网安全稳定运行，各电压监测点运行电压（变电站）的极限允许范围规定见表2。

表2　各电压监测点运行电压（变电站）的极限允许范围 （kV）

电压等级	上限	下限
110	121	100
35	38.5	31.5
10	11	9

10.14.2 电网中的控制点或监测点的电压超出正常范围时，所在的发电厂或装有无功调节装置的变电站运行值班人员无需等待值班调度员的命令，立即自行调整使电压恢复到正常范围之内。当调整手段已全部使用完毕而电压仍超出允许偏差时，应立即报告值班调度员，值班调度员要采取一切措施尽量缩短电压异常的持续时间。

10.14.3 当电压下降到极限值时，厂站运行值班人员应利用发电机和调相机的故障过负荷能力增加无功出力来限制电压的继续下降，同时报告值班调度员。值班调度员要迅速调用电网中所有的无功和有功备用容量来消除低电压，必要时进行限电拉路。

10.14.4 当电压降低到威胁发电厂厂用电的安全时，发电厂运行值班人员可根据事先规定的保厂用电措施进行处理，然后报告值班调度员。

10.15 通信中断时的处理原则：

10.15.1 当地调与市调、发电厂、变电站失去联系时，值班

调控员应立即通知通信调度值班人员，通信部门及各发、供电单位应立即采取一切办法恢复通信联系。必要时可通过移动通信手段进行调控业务联系。

10.15.2 正常情况下发生通信中断时，各厂站应保持当时的运行方式不得变动，若通信中断前已接受值班调控员的操作指令时，应将指令全部执行完毕（有合环操作的应停止操作），待通信恢复时报告。

10.15.3 凡不涉及安全问题或时间性没有特殊要求的调控业务，失去通信联系后，在未与值班调控员联系前不应自行处理。

10.15.4 凡自动低频减负荷动作跳闸的开关，如能判断频率恢复正常时，可逐路送出，待通信恢复后报告值班调度员。

10.15.5 当发生故障而通信中断时，各厂站应根据故障情况、继电保护和安全自动装置动作情况，频率、电压、电流的变化情况慎重分析后自行处理，严禁非同期合闸。待通信恢复后立即报告值班调度员。

10.15.6 与地调失去通信联系的各发电厂、变电站，应尽可能保持运行方式不变，发电厂应按原定发电曲线和有关规定运行。

10.16 调度自动化系统全停时的处理原则

10.16.1 调度自动化系统全停时，应立即将备调调度自动化系统切至主调；若切换不成功，值班调控员立即汇报，根据相关规定要求，必要时启用备调。

10.16.2 若主、备调调度自动化系统全停时，按以下原则处理：

10.16.2.1 调度自动化系统全停期间，除电网异常故障处理外原则上不进行电网操作、设备试验。

10.16.2.2 通知所有直调电厂自动发电控制（AGC）改为就地控制方式，保持机组出力不变。

10.16.2.3　通知所有直调厂站加强监视设备状态及线路潮流，发生异常情况及时汇报。

10.16.2.4　通知相关调控机构自动化系统异常情况，各调控机构应按计划严格控制联络线潮流在稳定限额内。

10.16.2.5　值班监控员通知相关输变电设备运维单位并将监控职责移交至厂站运行值班人员。

11 继电保护调度管理

11.1 继电保护管理总则

11.1.1 电网中的设备在投入运行前，必须将所有应投入的保护装置全部投入运行。

11.1.2 运行中的一次设备不允许无保护运行，但在特殊情况下，经有关手续批准，允许短时间停用一种保护（详见附录K）。

11.1.3 继电保护及安全自动装置的投入、退出等操作均需要得到值班调度员的命令或许可，值班调度员应依据如下原则考虑对电网及设备运行的影响，特殊情况需经相关专业会商：

11.1.3.1 发电机组保护及安全自动装置的投退应考虑与电网运行方式的适应性。

11.1.3.2 继电保护的投退应考虑与电网运行方式的适应性，必要时调整电网运行方式。

11.1.3.3 过负荷联切、稳控装置等退出时，应调整电网潮流，确保相关设备运行在极限范围内。

11.1.3.4 自投装置的投退及自投方式的选择，应考虑与电网运行方式的适应性及供电的可靠性。

11.1.3.5 电网发生故障情况下，继电保护及安全自动装置的投退应充分考虑对故障后方式的影响，避免扩大故障范围。

11.1.4 智能变电站内合并单元、智能终端、按间隔配置的过程层交换机及相应网络等，应纳入调度管理范围。在上述相关设备及回路上进行工作时，凡影响继电保护及安全自动装置正常运行时，须履行相应调控管理手续，必要时应履行相关保护投退申请。

11.2 定值管理

11.2.1 电网继电保护整定计算范围一般应与调度管辖范围一致。当整定范围与调度管辖范围不一致时，应书面予以明确，同时设备调度单位应提前向负责整定计算的部门提供相关资料作为整定依据。

11.2.2 发电厂内变压器、发电机、母线等设备的定值整定一般由设备产权单位负责，变压器中性点零序（电流、电压）、线路纵联等涉网保护由负责该侧系统保护装置的整定计算部门整定。

11.2.3 除涉网纵联保护外，属用户自备电厂（或变电站）的设备由用户自行整定计算。电网整定计算部门应对用户部分分界点的继电保护定值提出接口配合要求。

11.2.4 基建工程或改造工程设备投运前3个月，工程组织单位应向调控机构提供整定计算的相关设备参数。

11.2.5 110kV及以上线路参数应进行实测，调控机构在收到实测参数后3个工作日内视参数差异情况决定是否重发整定单。

11.2.6 保护装置在定值改变或新保护装置投运前，定值核对无误后方可允许保护装置投入运行。

11.2.6.1 各单位保护调试人员更改或重新输入定值后，应确保保护装置实际整定值与应执行的正式定值单一致。

11.2.6.2 各单位保护调试人员应向厂站运行值班人员提交保护装置正式定值单。现场调试人员无法按正式定值单整定时，汇报相应调控机构继电保护专业人员处理。

11.2.6.3 值班调度员核对应执行正式定值单与现场执行的正式定值单一致。

11.2.7 当采用的运行方式超出继电保护预定范围时，应事先与继电保护部门联系，由继电保护定值管理部门签注保护方式

和定值改变意见。在紧急需要时，值班调控员有权先行采取某种运行方式，但应及时与继电保护部门联系，做进一步妥善处理。

11.3 运行管理

11.3.1 运行单位负责于工程投产前将继电保护专业编制的运行注意事项纳入现场运行规程。

11.3.2 新投运或检修工作中可能造成交流回路有变化的带方向性的保护（阻抗、方向、差动等），在送电后应进行相量检查，检查结果及简要结论报值班调度员。

11.3.3 接有多电源的发电厂、变电站（备用电源除外）在特殊方式下，变为单电源受电时须按单带负荷处理（线路无重合闸、重合闸停用除外）。

11.3.3.1 将线路送电侧开关的同期重合闸改为无压重合闸，将其他重合闸方式改为三相重合闸（发电厂大机组有不允许三相重合闸规定的除外）。

11.3.3.2 负荷线路受电侧开关的线路保护及重合闸应全停，纵联保护投信号。

11.3.4 电压互感器、电压抽取装置、站用变压器或接地变压器停用时，应按以下原则处理：

11.3.4.1 双母线运行方式一组电压互感器停用时，应改为单母线运行，保护装置所用电压由运行的电压互感器带。

11.3.4.2 线路侧电压互感器或电压抽取装置停用时，应停用无压检定重合闸，有压检定的无压跳回路、同期重合闸自动退出。

11.3.4.3 备自投装置采用两个独立无压检定元件串联使用，当停用其中之一时，相应的无压跳回路可不停用，现场有特殊要求时除外。备自投装置采用无压、无流检定元件串联使用，当负荷较低（低于1.3倍装置无流定值）时，若停用电压检定元件，相应的无压跳自投回路应停用。若停用的互感器作为无压跳闸回路的有压检定元件时，其对应的无压跳回路将自动停用。

11.3.4.4 有地区电源并网的母线电压互感器停用时，其对应的检无压自投应停用，或将地区电源解列。

11.3.4.5 变压器复合电压闭锁过流保护所用电压源停用时，应根据负荷情况考虑过流保护的投退。

11.3.5 站间联络线一侧开关在备用状态，其线路保护应投入运行。

11.3.6 旁路开关热备用时，其保护应投入运行（母联兼旁路开关除外）。

11.3.7 用旁路或母联兼旁路开关代路时，旁路开关保护及重合闸的投停原则上应与被代开关一致。

11.3.8 纵联保护：

11.3.8.1 正常运行时，线路两侧纵联保护功能必须同时投退。

11.3.8.2 非并列运行的负荷线的纵联保护：

（1）当电源侧投重合闸时，受电侧纵联保护仅作用于信号。线路故障时，纵联保护跳电源侧开关；有自投的变电站，其进线开关应由无压跳回路跳开。

（2）负荷侧为无压跳自投方式时，仅电源侧投入重合闸，采用"三重"方式；电源侧重合闸停用时，两侧纵联保护均动作于跳闸。

11.3.8.3 如果纵联保护通道异常或有检修工作，必须退出纵联保护时，则调度对线路两侧下令"退出×××纵联保护"，厂站运行值班人员将纵联保护（主保护）功能压板解除，其他保护功能压板及跳合闸出口压板保持原有状态，不操作。

11.3.8.4 如果线路某侧纵联保护装置异常，现场申请退出纵联保护、后备保护及重合闸（如有重合闸）处理时，则调度下令先退出两侧纵联电流差动保护，再退出异常侧后备保护及重合闸。

11.3.8.5　线路停电时，纵联保护可以不停，但在线路送电前厂站运行值班人员应对保护通道进行检查，专用收发信机要进行通道对试，无问题后方可送电。特殊情况下急需供电时，10kV 线路在电源侧（变电站出线）后备保护投入的情况下也可恢复送电。

11.3.8.6　纵联保护在下列情况下应退出：

（1）代路方式下不能进行通道切换时。

（2）构成纵联保护的通道或相关的保护回路中有工作时。

（3）构成纵联保护的通道或相关的保护回路中某一环节出现异常时。

（4）通道检查测试中发现异常。

（5）其他影响保护装置安全运行的情况发生时。

11.3.8.7　线路一侧开关运行，另外一侧开关拉开且纵联电流差动保护有工作，应将线路停运。

11.3.8.8　纵联电流差动保护一侧电流回路一、二次设备变动后，应对其保护进行相量检查，证实回路接线无误后，方可将差动保护投入运行。

11.3.9　母线保护的规定：

11.3.9.1　正常运行时，不允许母线保护退出运行。

11.3.9.2　母线保护运行中发出"电压回路断线"信号时，应迅速排除故障，无法排除时应报调控机构。

11.3.9.3　母线保护运行中发出"TA 断线"信号，或其他影响保护装置安全运行的情况时，应报调控机构退出相应母线保护，并通知专业人员尽快处理。

11.3.9.4　母联电流相位比较式母线保护

（1）正常情况下，各元件按指定分配方式运行，母线保护各元件跳闸出口回路必须与其所连接的母线相对应。

（2）双母线正常运行时，各母线上均应分配带有电源的元件运行。

（3）下列情况之一，应投入"非选择"方式：

1）单母线运行时。

2）母线进行倒闸作业期间。

3）采用刀闸跨接两排母线的运行方式时。

4）双母线运行，但一条母线故障切除后。

5）双母线运行，当出现一条母线无电源的方式或小电源的方式时。

6）母联开关运行中出现不能跳闸状态时（如出现压力异常闭锁开关跳闸回路）。

11.3.10 变压器保护的规定：

11.3.10.1 在变压器充电时差动保护、重瓦斯保护必须投入跳闸。

11.3.10.2 变压器新投入或差动保护电流回路一、二次设备变动后，应对变压器保护进行相量检查及不平衡量的测量。未经相量检查的差动保护，在变压器充电前差动保护应投入跳闸，当充电完毕正式带负荷前，必须将差动保护停用，带负荷后进行相量检查和不平衡量测量，证实回路接线无误后，方可将差动保护投入运行。

11.3.10.3 对于非专用的小电源并网线，在小电源侧的发电机停运时，应退出有关联跳小电源并网线的联跳回路。

11.3.11 重合闸的使用规定：

11.3.11.1 重合闸方式的投入一般应按照定值单整定方案及电网运行方式要求执行。值班调度员可根据系统运行方式或设备情况，下令改变线路的重合闸运行方式。

11.3.11.2 当线路开关禁止再合闸时，应将重合闸停用。

11.3.11.3 重合闸装置在下列情况下应停用：

（1）三相重合闸方式下，由于运行方式改变可能引起非同期重合时。

（2）开关本身不允许重合时。

（3）线路有人带电作业要求停用时。

11.3.11.4 线路开关保护为双套保护且双套保护中重合闸均投入，当需停用开关重合闸时，需将双套重合闸均停用；当其中一套保护装置重合闸功能异常时，应停用该套保护装置（包含重合闸功能），如为纵联保护时，还应退出对侧开关相应纵联保护功能。

11.3.11.5 检定重合闸的规定：

（1）有小电源并网的负荷线运行无压检定重合闸，小电源侧必须投低频、低压解列装置。

（2）检定无压的重合闸，宜同时投入同期检定回路；检定同期的重合闸不允许投入无压检定回路。

（3）重合闸使用的电压互感器、电压抽取装置等设备停用时，应将相关的重合闸停用。

11.3.12 备用电源自动投入装置的规定：

11.3.12.1 备用电源自动投入装置在运行前，继电保护管理部门应提供自投规程。

11.3.12.2 投入运行的备自投装置，因无压跳动作或保护装置动作开关跳闸，备自投启动合入备用开关的，可不停用备自投装置。

11.3.12.3 进线开关配置无压跳备自投装置的负荷变电站发生全停事故时，恢复送电前，对于电磁型装置的应先将备自投装置的无压跳停用，微机型装置可不停用。

11.3.13 母联保护的规定：

11.3.13.1 用于充电的母联、分段及其他专用充电保护，在对相应一次设备充电时投入，充电完毕后退出。充电保护投退由站内自行操作。

11.3.13.2 合环保护投退的要求，合环保护在变电站并列倒闸操作前投入，倒闸操作完毕后退出，合环保护投退由站内自行操作。

11.4 缺陷异常管理

11.4.1 运行中保护装置发生异常或故障时，应报告值班调度员，并按有关规定处理，必要时通知有关继电保护部门。

11.5 故障处理

11.5.1 当电网发生故障，录波器动作后，厂站运行值班人员根据需要打印故障录波数据，进行一般性分析并将录波数据及时报值班调度员。继电保护设备维护单位应及时收集保护动作信息（故障录波、微机保护打印报告等），并对继电保护装置进行检查、分析，按规定向所属调控机构提交动作分析报告。

12 安全自动装置及紧急减负荷的调度管理

12.1 安全自动装置调度管理

12.1.1 本规程所称的电网安全自动装置是指用于防止电力系统稳定破坏、防止电力系统事故扩大、防止电网崩溃及大面积停电以及恢复电力系统正常运行的各种自动装置的总称，包括安全稳定控制装置（系统）、失步解列装置、频率电压紧急控制装置（包括低频减负荷、低压减负荷、低频解列、低压解列、高频切机、高频解列、过压解列、水电厂低频自启动等装置）、备用电源自投装置，以及站域保护控制装置（系统）中的相关功能等。安全自动装置的调度范围的划分，原则上与电网一次设备的调度范围一致。

12.1.2 安全自动装置的设置、设计及投入运行：

12.1.2.1 两级调控机构应根据对电网的计算分析及运行情况，提出提高电网安全稳定水平的措施及相应的安全自动装置的设置要求。

12.1.2.2 安全自动装置的设计应遵守可靠、合理、简洁的原则，并符合技术进步的要求。

12.1.2.3 安全自动装置安装后应按有关规定进行调试，调控机构及安全自动装置的运行单位应参与调试。调试完毕后，装置的制造和调试单位应向调控机构及安全自动装置的运行单位提供有关全部资料。

12.1.2.4 安全自动装置安装调试完毕后应由运行单位向所属调控机构提出投运申请，经调控机构批准后方可投入试运行。

调控机构根据试运行的情况决定该安全自动装置是否正式投入运行。

12.1.2.5　安全自动装置的改造应经所属调控机构的审核和批准。

12.1.2.6　凡装有安全自动装置的发电厂、变电站等运行单位应根据装置的特性及有关调控机构的要求制定相应的现场运行规程，经本单位主管领导批准后执行并报送有关调控机构备案。

12.1.2.7　凡装有安全自动装置的发电厂、变电站的运行值班人员，应经过安全自动装置的培训。应有专责人对安全自动装置按有关规程、规定进行正常维护、定期校验等运行管理。

12.1.2.8　两级调控机构对安全自动装置的调度指令主要包括装置的投入、退出和改变出口跳闸压板的状态。如调度指令涉及其他调控机构，应事先予以通报。

12.1.2.9　凡装有安全自动装置的发电厂、变电站的运行值班人员应对安全自动装置的运行状态（如投、退、动作等）进行详细的记录。安全自动装置出现故障或异常的情况，运行值班人员应先行退出有关装置，然后报告值班调度员。值班调度员依据装置运行管理要求，调整相关发电厂、变电站的运行方式。

12.1.3　两级调控机构负责对其调度的安全自动装置的控制策略及定值进行整定，并组织对其动作情况进行分析。

12.2　低频、低压减负荷装置调度管理

12.2.1　为保证电网安全稳定运行，北京电网应安装足够数量的自动低频减负荷装置，接入足够的减负荷容量。对于可能发生电压稳定事故的局部地区，应考虑安装足够的低压减负荷装置，接入足够的减负荷容量。其中，特级、一级重要客户和政治供电常态化保障客户原则上不应纳入自动低频、低压减负荷措施体系；因停电可能导致火灾、爆炸、人身伤亡及重大政治影响和经济损失的用户不得纳入自动低频、低压减负荷措施体系。

12.2.2 电力客户应按照北京电力公司要求安装自动低频减负荷装置，并按要求投入运行，营销部门及各供电公司应加强管理。

12.2.3 各供电公司根据市调下达的方案，落实本地区自动低频减负荷方案整定、日常运行管理及装置的定期检验工作。

12.2.4 各供电公司自动低频减负荷整定方案安排的各轮次总量应满足市调下达的减负荷总量要求。

12.2.5 市调指定的独立小地区，自动低频减负荷级数不得少于 3 级，每级切除容量不得大于该地区负荷的 20%，总容量不低于指定独立小地区最大负荷的 50%。

12.2.6 各地调负责对本地区低频、低压减负荷装置实际控制负荷的数量，低频、低压减负荷装置的数量及其运行情况进行统计和分析工作，并将每月 15 日 4 时、10 时和前夜高峰点的本地区自动低频、低压减负荷情况按规定格式记录，经本单位主管领导审批后，于当月 20 日前报送市调。

12.2.7 当电网发生事故引起自动低频、低压减负荷装置动作开关跳闸时，值班监控员或厂站运行值班人员应将具体情况报告值班调度员。各地调值班调度员应将动作情况及时报市调。

12.2.8 自动低频减负荷装置动作所切负荷恢复供电按上级调度指令执行，由最低一级开始按正常或指定负荷数逐一恢复。

12.2.9 凡新建和改扩建厂站，当有 35kV 或 10kV 配电负荷时，其自动低频减负荷装置必须与厂站设备同期投运。

12.2.10 各地调负责对本地区自动低频、低压减负荷装置的运行进行动态管理，必须保证在需要时能有效地切除负荷，并不得通过自投恢复供电。

12.2.11 低频、低压减负荷投入容量应纳入电网实时监视，当容量不足时应给出告警信息。

12.3 紧急减负荷的管理

12.3.1　各地调应根据市调要求编制本地区拉路序位表，拉路限电序位按负荷性质、影响大小、重要程度分轮次排序。

12.3.2　各地调编制拉路限电序位时应本着"保电网、保主设备"的原则，确保拉路限电容量满足要求。除因停电可能造成重大政治影响、易燃、易爆、人身伤亡的线路外，其余线路均应列入拉路序位。各地调应会同用电客户管理部门共同编制拉路序位，并报当地政府备案。

12.3.3　各站所准备的拉路负荷应既满足电网发生功率缺额时的限电要求，又满足该站电源设备发生 $N-1$ 故障时的限电要求。

12.3.4　拉路序位一经发布，应严格执行，禁止随意变更。当线路新建、切改、扩建或所带负荷性质发生变化时，应及时修改相应拉路序位，并报上级调控机构备案。

12.4　紧急减负荷的执行

12.4.1　值班调度员应严格执行经政府批准、公开发布的拉路序位。

12.4.2　当系统局部出现异常（如过温、过负荷等），已采取相应措施（如倒负荷）未能解决时，可经有关领导同意后采取设备异常拉路。值班调度员下令时应冠以"设备异常拉路"术语，值班监控员或厂站运行值班人员应立即执行并记录负荷电流。

12.4.3　危及系统及设备安全稳定运行时，值班调度员应立即采取紧急拉路措施，下令时应冠以"事故拉路"术语，然后尽快汇报有关领导。

12.4.4　事故拉路所停负荷确系影响较大，值班调度员可视情况先停下其他负荷后，再恢复重要负荷。

12.4.5　地调根据市调指令进行的拉路，必须在 10min 内执行完毕。

12.4.6　地调接市调值班调度员指令拉路停下的负荷，须得到市调值班调度员的指令后才可恢复。

13　电网调度自动化及通信管理

13.1　调度自动系统管理

13.1.1　电网调度自动化系统（简称自动化系统）是保证电网安全、稳定、优质和经济运行的重要手段。各级调控机构、接入电网运行的发电厂、变电站均应装备可靠、先进的调度自动化设备，并设置相应的调度自动化运行管理机构及运行值班人员。

13.1.2　自动化系统实行统一领导、分级管理。市调是北京电网调度自动化的职能管理部门。各级调度自动化机构的管理范围应与本级调控机构的调度管辖范围及承担的任务相适应。

13.1.3　凡新建和改扩建工程（含客户站），所建设的自动化设备、电量采集装置及安全防护设备应符合公司自动化系统或电量采集系统配置原则及电力调控系统安全防护原则，而且应与一次系统同步投产。自动化设备、电量采集装置及安全防护设备的选型、配置方案、验收等工作应有自动化专业职能管理部门参加。

13.1.4　为确保各级调控机构、发电厂、变电站的自动化设备安全运行，应配备专用的不间断电源（UPS）或一体化电源。为防止雷电或强电磁场干扰，在设备的输入和输出接口应加装避雷或光电隔离装置。

13.1.5　自动化设备及安全防护设备的维护单位应保证设备的正常运行及所传送信息的完整性和正确性。发现设备故障或接到设备故障通知，应及时处理。维护单位应配置数量合理的自动化运行维护人员并配备必要的抢修设备及交通工具。市调根据设备的运行情况及所传送信息的完整性和正确性对维护单位进行考核。

13.1.6 各级调控机构自动化专业部门应认真做好系统运行维护及所传送信息正确性的核查，定期对自动化设备及安全防护设备进行巡视。做好自动化基础信息统计、系统运行分析评价、缺陷分析评价工作，按规定向上级调控机构报送调度自动化系统及电力监控系统安全防护运行月报和运行分析报告。

13.1.7 各级调控机构管辖范围（含客户站）的信息应该按照"直调直采"的原则直接传送至该调控机构的自动化系统。同属多级调控机构管辖的厂站采用"一发多收"的方式。

13.1.8 各级调控机构自动化系统应通过调度数据网络实现计算机通信。市调、各地调、直调电厂及变电站间的调度数据网络由市调负责规划和组织实施。计算机通信应采用规定的通信规约和接口技术标准。

13.1.9 各级调控机构除需要管辖范围的信息外，还应掌握必要的如非直调电厂、变电站及电网等有关间接管理的信息。非管辖范围的信息可由其他调控机构计算机通信或转发传送。

13.1.10 凡信息接入自动化系统的自动化设备及数据传输通道均纳入自动化系统运行管理范围，其设备的投运、退出和检修维护等工作应遵守以下规定：

13.1.10.1 自动化设备、安全防护设备及通道的投运、退出和检修工作，原则上结合厂站一次设备检修工作进行。

13.1.10.2 自动化设备、安全防护设备的停运、检修，应结合公司年度、月度停电计划制定相应的自动化设备停电检修计划，通过相关调度管理系统上报各级调控机构自动化专业部门，经批准后方可进行工作。工作前应按有关规定通知所属调控机构自动化运行值班人员。工作完成后现场维护人员应与自动化运行值班人员进行核对确认。

13.1.10.3 自动化设备、安全防护设备检修维护等停复役工

作应提前 4 个工作日向相关自动化专业部门和调控机构申请，经批准后方可进行工作。对于"一发多收"的自动化设备，应与相关的调控机构协商后再作决定。

13.1.10.4　自动化系统及厂站自动化设备因故障或其他原因临时停运，应及时通知自动化专业部门和调控运行部门，并进行故障处缺。自动化系统及设备恢复运行后，应通过相关调度管理系统填写自动化缺陷。

13.1.11　各级自动化专业人员应按照设备计划开展遥测的准确度校核，并检查试验遥信、遥控、遥调的正确性，发现问题及时处理并做好记录。

13.1.12　电网发生事故后，自动化专业应配合调控运行、继电保护、直流或一次等专业人员检查故障信息的完整性及正确性，经过多专业会商确认故障信息存在错误时，应组织相关人员分析原因并制定整改措施。

13.1.13　由于一次系统的变更（如厂站设备的增、减，主接线变更，互感器变比改变等）需要修改相应的画面和数据等内容时，应以调控运行专业的通知单为准。调控运行专业应在送电投运前提供更改自动化系统图形等工作通知单，同时系统专业应提供一次设备变更后的各种电网设备参数。

13.1.14　在对自动化系统信息参数、信息序位进行变动前，必须提前 3 天向有关调度自动化运行管理部门提交书面材料与申请。经批准后，在双方统一的时间内进行更改，且更改后必须进行传动、核对，以保证信息的正确性。

13.1.15　调控运行人员使用的自动化系统设备，未经自动化专业部门同意，不得擅自改变系统运行环境和配置。

13.1.16　值班调控员发现自动化系统的图形、实时信息等异常时，应立即通知自动化系统运行值班人员并做好记录，自动化运行值班人员接到通知后，应立即予以处理。

13.1.17　当自动化系统提供的实时信息出现异常，需将该遥信、遥测、挡位改为人工操作时，其变位操作必须由值班调控员进行，自动化专业人员不得对系统运行方式进行人工置位操作。

13.1.18 各级调控机构调控运行专业应会同自动化专业根据实际情况，及时更新电力系统运行方式接线图。

13.1.19 各级调控机构自动化运行维护人员应定期检查所辖调度范围内自动化数据的正确性，并将检查结果上报上级自动化专业部门。

13.2 调度通信管理

13.2.1 调控运行通信业务主要包括调度电话、继电保护、安全自动装置、调度自动化系统业务所需的语音、图像、数据等通信服务。

13.2.2 通信机构（通信职能管理部门、信通公司及其他通信运维单位）负责调控运行通信业务的组织、保障和完善工作，调控机构对通信保障和服务的效果进行评价。

13.2.3 通信机构应按规定按时报送年度、月度、日前涉及电网调控业务的通信检修计划，并参与调控机构的检修计划会商。

13.2.4 涉及电网设备运行状态改变的通信检修，通信机构应制定详细的实施方案，提前与调控机构进行会商。通信运维单位负责报送通信检修工作票申请，电网运维单位负责按照调控机构同意的方案，结合通信检修工作报送相应电网停电检修申请票。

13.2.5 涉及电网设备运行状态改变的通信检修，原则上应与电网设备的检修同步进行，并纳入电网设备停电计划管理。

13.2.6 电网调控运行业务通道故障时，通信调度应立即汇报相关调控机构，通信机构要按照"先抢通、后修复"的原则，尽快恢复业务通道，并将通道恢复情况及时汇报相关调控机构。

13.2.7 通信机构应建立风险预警机制，通信通道异常、中断等可能对电网调控业务产生影响时应提前告知调控机构。

14 设备监控管理

14.1 调控机构及输变电设备运维单位按监控范围开展变电设备运行集中监控、输变电设备状态在线监测与分析业务。

14.2 设备监控管理主要包括变电站设备实时监控及运行管理、监控信息表管理、监控信息接入验收管理、集中监控许可管理、集中监控缺陷管理和监控运行分析等内容。

14.3 调控机构及输变电设备运维单位应按月、季度和年度开展监控设备运行评价工作，并按规定将报表和总结报送上级调控机构。

14.4 调控机构及输变电设备运维单位应定期发布监控运行分析报告，并组织设备管理部门、技术支持单位召开运行分析例会，总结设备运行情况，分析频发、误发信息原因，制定整改要求和措施。

14.5 设备实时监控及运行管理

14.5.1 调控机构、输变电设备运维单位相关运维人员应利用监控系统、视频系统、自动电压控制系统等技术支持手段，对所辖变电站设备运行情况进行监视。

14.5.2 值班监控员应按有关规定及时处置监控系统告警信息，并通知输变电设备运维人员，必要时汇报值班调度员。输变电设备运维人员接到通知后应立即开展设备核查，并及时反馈处理情况，不得迟报、漏报、瞒报、谎报。

14.5.3 输变电设备运维人员发现设备异常和缺陷情况，应按照有关规定处理，若该异常或缺陷影响电网安全运行或调控机构集中监控，应及时汇报相关调控机构。

14.5.4 值班监控员无法对变电站实施正常监视时，应通知相关输变电设备运维单位，并将监控职责移交至输变电设备运维人员。监控职责移交或收回后，值班监控员均应向有关调控机构值班调度员汇报。

14.6 因站内工作原因出现以下情况时，变电站应临时恢复有人值班，并进行监控职责移交，由输变电设备运维人员负责相关间隔的信号监视和控制，输变电设备运维人员应在工作前上报所属调控机构值班监控员。

14.6.1 调控机构监视范围内报警信号全部或部分无法监视。

14.6.2 调控机构主站自动化遥控功能全部或部分异常。

14.6.3 因现场工作或设备异常，造成调控机构监视范围内报警信号频繁动作复归或部分设备失去监视。

14.6.4 其他原因造成调控机构无法对所辖设备进行正常监视和控制。

14.6.5 变电站接入调控机构传动过程中或基、改（扩）建工程送电过程中，相应变电站或设备间隔由输变电设备运维单位运行人员负责监视和操作。

14.7 监控信息表管理

14.7.1 新（改、扩）建工程在设计招标和设计委托时，建设管理单位及变电站运维检修单位应明确要求设计单位编制监控信息表设计稿，监控信息表应作为工程图纸设计的一部分。对于改、扩建项目，变动部分应明确标识。

14.7.2 设计单位应根据调控机构技术规范和有关规程、技术标准、设备技术资料并按照调控部门提供的标准格式编制监控信息表设计稿，监控信息表设计稿应随设计图纸一并提交建设管理单位及变电站运维检修单位。

14.7.3 建设管理单位及变电站运维检修单位在组织变电站施工图审查时，监控信息表设计稿应纳入审查范围，调控机构、

变电站运维检修单位对监控信息的正确性、完整性和规范性进行检查。

14.7.4 设计单位应根据变电站现场调试情况，及时对监控信息表进行设计变更，安装调试单位应向变电站运维检修单位提交完整的包含监控信息表的竣工资料。

14.7.5 变电站运维检修单位配合调控机构做好监控信息表管理，负责现场接入信息与上送调控机构集中监控信息对应关系的审核，确保监控信息接入的正确性、完整性和规范性。对于已投产的变电站，当监控信息表发生变更时，由变电站运维检修单位负责编制监控信息表。

14.7.6 调控机构负责监控变电站设备监控信息表的定值化管理，输变电设备运维单位负责按规定落实，保证监控信息的规范、完整、正确和统一。

14.8 监控信息接入验收管理

14.8.1 变电站运维检修单位负责对接入变电站监控系统的监控信息的完整性、正确性进行全面验证，完成监控信息现场验收后编制监控信息量表并向调控机构提交接入（变更）验收申请。

14.8.2 调控机构负责审批监控信息接入验收申请，确认变电站设备监控信息满足联调验收条件后，开展调控端与变电站端的联合调试、传动验收。

14.8.3 调控机构负责监控范围内变电站设备监控信息（包括输变电设备状态在线监测信息）的接入、变更和验收工作；输变电设备运维单位配合做好相关工作，传动过程中监控信息表如有变动，应重新履行审批手续，保证遥测、遥信、遥控、遥调信息的正确性。

14.8.4 变电站设备监控信息通过联调验收后，变电站设备运维单位方可向调控机构提出送电申请。

14.9 变电站集中监控许可管理

14.9.1 调控机构按监控范围实施变电站集中监控许可管理，并严格执行申请、审核、验收、评估、移交的管理流程。

14.9.2 变电站自正式投入运行后，经所属调控机构与变电站设备运维单位双方核对确认变电站满足集中监控条件且无问题后，变电站进入集中监控试运行期，试运行期一般为1周。

14.9.3 变电站进入试运行期间，运维单位应每日对变电站设备进行巡视，发现异常及时上报相应调控机构；按要求进行现场设备异常及缺陷的检查、判断、处理。

14.9.4 需要将变电站纳入调控机构正式集中监控的，变电站设备运维单位应向相应调控机构提交变电站实施集中监控许可申请和相关技术资料，并配合开展相关工作。

14.9.5 变电站集中监控试运行期间，相应调控机构组织对变电站设备监控信息是否满足集中监控条件进行现场检查，对检查发现的问题应及时通知运维单位进行整改。

14.9.6 存在下列情况不予通过评估：

14.9.6.1 变电站设备存在危急或严重缺陷。

14.9.6.2 监控信息存在误报、漏报、频发现象。

14.9.6.3 现场检查的问题尚未整改完成，不满足集中监控技术条件。

14.9.6.4 其他影响正常监控的情况。

14.9.7 变电站经现场验收评估，且经调控机构批复通过后，变电站方可纳入调控机构正式集中监控运行。

14.9.8 调控机构值班监控员与输变电设备运维人员通过录音电话办理集中监控职责交接手续，并向相应调控机构的值班调度员汇报。

14.10 输变电设备状态在线监测与分析管理

14.10.1 调控机构及输变电设备运维单位按照监控范围对输变电设备状态在线监测信息进行实时监视与分析，及时处置设备状态异常信息。

14.10.2 值班监控员对在线监测告警信息进行初步判断，确定告警类型、告警数据和告警设备，通知相应输变电设备运维单位进行分析和处理。输变电设备运维单位应及时将检查结果及处理意见汇报相应值班监控员。

15 清洁能源调度

15.1 各级调控机构应在确保电网安全稳定运行的前提下，做好清洁能源调度工作，条件具备时优先消纳风电、光伏等清洁能源。

15.2 凡并入电网运行的清洁能源电站（场）必须签订并网调度协议，并服从电网的统一调度。

15.3 清洁能源电站（场）应具备有功和无功调节能力，并能根据调度指令进行有功和无功调节。

15.4 风电场、光伏电站等新能源前期可研、初步设计审查、设备选型等工作应通知调控机构参加。风电场、光伏电站等新能源接入系统设计及升压站初步设计（电气部分）评审意见作为风电场、光伏电站等新能源并网的依据。

15.5 新建、改建、扩建的风电场、光伏电站等新能源应在并网前向相应调控机构提交风电机组、光伏组件、升压变压器及联络变压器、无功补偿设备、电力汇集系统及相关控制系统等的模型及参数。

15.6 清洁能源调度运行管理

15.6.1 基本资料：

15.6.1.1 风电场、光伏电站应具备完整的风（光）资源和发电利用设计资料，掌握气象环境、场址地形和发电设备的基本情况，报调控机构作为新能源发电调度的依据。设计资料未经批准不得任意改变。

15.6.1.2 风电、光伏发电调度运行的主要参数及指标应包括

场址的多年平均气象观测资料、地形及粗糙度，发电设备的位置坐标、发电功率特性、光伏组件衰耗特性，电站设计年及各月利用小时数等。风电场、光伏电站应做好现场观测、试验，维护整编数据信息，确保资料完备和有效。

15.6.1.3 风电场、光伏电站建成投入运行后，因气象环境、场址地形、发电设备等发生变化，不能按设计指标运行时，应由运行管理、设计等有关单位对新能源发电参数及指标进行复核。如主要参数及指标需变更，应按原设计报批程序进行审批后方可执行。

15.6.1.4 风电场、光伏电站应按有关标准和规定要求，通过发电功率预测系统向调控机构提供新能源发电调度信息，主要包括发电功率预测结果、发电设备可用容量、气象观测信息、样板机运行信息、单机有功功率、无功功率和运行状态（运行、待风或停运状态）、场内发电受阻原因和发电量等。

15.6.2 风电及光伏发电调度：

15.6.2.1 风电机组故障脱网后不得自动并网，故障脱网的风电机组须经电网调控机构许可后并网，原则上风电场机组应通过监控系统或运行控制程序实现风电机组因故障频率、电压等系统原因导致机组解列（脱网）时，闭锁自动并网。发生故障后，风电场应及时向值班调度员报告故障及相关保护动作情况，及时收集、整理、保存相关资料，积极配合调查。

15.6.2.2 风电机组、光伏电站应具备低电压穿越能力，并满足国家、行业和电网运行的相关规定。

15.6.2.3 风电场的风电机组保护应与接入系统相协调，即风电场并网点的电压波动和闪变、谐波、三相电压不平衡满足电能质量国家标准要求时，场内机组应正常连续运行。

15.6.2.4 风电场、光伏电站应按照有关标准和规定要求，装设气象观测设备，建立功率预测系统，开展中长期（年、月）、短期、超短期发电功率预测，预测精度应满足相关标准要求。

15.6.2.5　调控机构应按照有关标准和规定要求，对风电场、光伏电站发电功率预测结果和发电功率预测系统数据报送情况进行评价。

15.6.2.6　风电场、光伏电站应根据气象观测资料、趋势预测结果，编制中长期（年、季、月）发电计划建议，并按要求报调控机构。调控机构根据场站上报的中长期功率预测，结合全网电力电量平衡分析，优先预留发电空间，形成风电及光伏发电计划建议，作为相关部门安排年度、月度发电计划的依据。

15.6.2.7　风电场、光伏电站应根据短期发电功率预测结果，编制包括发电功率曲线的日发电计划建议，并按要求报调控机构。调控机构根据场站上报的短期功率预测结果，结合相关网架送出能力及系统调峰能力，制定日前发电计划，优先安排风电场、光伏电站发电。

15.6.2.8　风电场、光伏电站应按照电网设备检修有关规定将年度、月度、日前设备检修计划建议报调控机构，统一纳入调度设备停电计划管理。

15.6.3　水电调度运行管理：

15.6.3.1　水电的调度管理要在保证水工建筑物和水电厂（站）机组安全运行并满足防洪、放流计划、调峰和调频的条件下，充分合理地利用水利资源。调控机构根据水利部门要求的放流计划安排水电厂（站）的发电计划。

15.6.3.2　日调节水库水位应经常维持在正常变化范围内，尽可能满足发电时高水位运行，以降低发电的耗水率。抽水蓄能电站应保持调节池的调整裕度，以满足高峰和低谷时段发电和抽水的需要。汛期水位的控制应按各水库的有关规定执行。各水电厂（站）在汛期前应向调控机构报送有关资料。

15.6.3.3　水电厂应具备齐全的水库运用参数和指标等设计资料，掌握水库上、下游流域内的自然地理、水文气象、社会经济及综合利用等基本情况，报调控机构作为水库调度工作的依

据。水库运用参数和指标未经批准不得任意改变。

15.6.3.4 水库水位在正常范围内时，水电厂（站）的运行方式由调控机构根据电网的需要进行安排。水库水位在发电死水位以下时，水电厂（站）的运行方式应根据现场规定办理。正常情况下，水库在发电死水位以下时，严禁机组发电运行，水电厂应根据现场规定处理，并向调控机构提出运行方式要求。

15.6.3.5 梯级水电站发电计划的安排应考虑到下游水库的调节能力。调控机构调度的末级水电站发电放水的允许间断时间应与水利部门协商决定。

15.6.3.6 调控机构调度的梯级水库末级电站机组检修或故障时，如不能满足下游用水要求，应开闸放流，开闸放流时间及安排应和有关水利部门协商决定后，由调控机构通知末级电站执行。其他梯级电站机组检修和长时间故障，根据水利部门的放流要求安排水库开闸放流，并视下级水库水位情况进行调整，由调控机构通知电站执行。

15.6.3.7 当水库需要排沙或活动闸门时，必须事先通知值班调度员，值班调度员再通知有关厂（站）。排沙时电站机组应根据要求配合发电。排沙或活动闸门后，电站应了解实际下泄水量并报告值班调度员。

15.6.4 分布式电源调度管理：

15.6.4.1 接入 35kV 和 10kV 的分布式电源项目应签订并网调度协议，纳入调度运行管理。

15.6.4.2 分布式电源自并网调试之日起，即被视为并网运行设备，纳入统一调度运行管理。分布式电源应服从电力调控机构值班调度员的调度指令，遵守调度纪律，严格执行相关规程和规定。

15.6.4.3 分布式电源解、并列前必须向值班调度员提出申请，经同意后方可执行；解、并列完成后应立即报告值班调度员。

15.6.4.4 分布式电源应纳入地区电网无功电压平衡。调控机构应根据分布式电源类型和实际电网运行方式确定电压调节方式。

15.6.4.5 分布式电源的继电保护及安全自动装置应符合分布式电源接入电网的要求和相关技术标准、规程规定、反事故措施的要求，并与公用电网继电保护和安全自动装置相互配合。

15.6.4.6 分布式电源调度运行信息的采集与传输应满足电力调度自动化和电力二次系统安全防护相关技术标准、规程规定的要求。

15.6.4.7 分布式电源项目应建立健全运行管理规章制度，制定相应的反事故措施，并报送相关调控机构备案。当发生分布式电源带自身或其他负荷孤岛运行时，应按照事先制定的故障处理方案自行处理，确保设备及人身安全。

16 备用调度管理

16.1 备调管理内容包括备调场所及技术支持系统管理、备调人员管理、备调演练及启用管理。

16.2 备调场所管理

16.2.1 备调场所设施应满足调度、监控实时运行值班和日前业务开展需求。

16.2.2 备调场所设施的日常维护由所在地单位负责管理。备调场所应具备良好的安全保障。

16.2.3 备调值班场所席位设置应满足应急工作模式下各专业人员工作要求。

16.3 备调技术支持系统管理

16.3.1 主、备调调控技术支持系统应保持同步运行，实现电网模型一致、信息自动同步。

16.3.2 备调技术支持系统的日常维护工作应采取远程维护和就地维护相结合的方式，由主调负责、备调配合实施。

16.3.3 备调所在地的调控机构应定期对备调技术支持系统进行检查、测试，及时完成故障消缺等日常维护工作，保证备调技术支持系统的正常运行。

16.3.4 主、备调调度电话应满足呼叫信息同步更新和共享的需求。

16.3.5 主、备调电网运行资料应保持一致。

16.4 备调人员管理

16.4.1 备调应按规定为主调配置相应的调度员、监控员（简称备调调控员）。

16.4.2 备调调控员应具备主调值班资格，并统一纳入主调调控员持证上岗管理。

16.4.3 备调调控员应定期赴主调参加业务培训、参与运行值班。

16.4.4 主调调控员及相关专业人员应定期赴备调同步值守，开展部分主调业务。

16.5 备调演练管理

16.5.1 调控机构应定期开展主、备调应急转换演练及系统切换测试。

16.5.2 调控机构每年应至少组织一次备调转入应急工作模式、调控指挥权转移的综合演练。

16.5.3 调控机构应针对可能发生的突发事件及危险源制定备调应急预案，并滚动修编。

16.6 备调启用管理

16.6.1 因环境、场所、设备等原因影响主调调控业务正常开展时，应按相关规定及时启用备调。

16.6.2 调控指挥权转移前后，值班调控员应及时汇报上级调控机构，并根据需要通知相关调控机构及发电厂、变电站。

附录 A 基改建工程应向调控机构
报送技术资料内容

A.1　新设备启动前 3 个月，工程组织单位应向调控机构报送的技术资料：

A.1.1　系统与一次设备

A.1.1.1　电气安装总平面布置图。

A.1.1.2　系统接线图、电气一次主接线图及厂（站）用电接线图。

A.1.1.3　发电厂煤、汽、水系统图，油系统、循环水、冷却水系统图，调速器系统图。

A.1.1.4　导线型号、长度、排列方式、线间距离、线路相序、交叉换位情况、平行线距离、架空地线规格、导线的热稳电流以及每公里的线路正序电阻、正序电抗、正序容抗、零序电阻、零序电抗、零序容抗等参数。

A.1.1.5　锅炉、汽（水）轮机、发电机、调相机、变压器、开关、刀闸、母线、避雷器、无功补偿设备等设备参数。

A.1.1.6　发电机的出厂电气参数，主要包括 R_a、X_d、$X_d{'}$、$X_d{''}$、X_2、X_0、X_q、$X_q{'}$、$X_q{''}$ 及时间常数 T_d、$T_d{'}$、$T_d{''}$、T_{d0}、$T_{d0}{'}$、$T_{d0}{''}$。

A.1.1.7　发电机和调相机的 P—Q 曲线、空载短路特性曲线、过激磁特性曲线与过负荷特性曲线等。

A.1.1.8　变压器的出厂电气参数，主要包括额定电压、额定容量、额定电流、连接方式、短路阻抗、零序阻抗、过负荷曲线、过激磁曲线等。

A.1.1.9　发电机、原动机转动惯量。

A.1.1.10　汽（水）轮机调速器调整率、传递函数框图及各环节参数。

A.1.1.11　励磁机规范、励磁方式及励磁倍数。励磁调节器型式，低励限制器特性曲线、励磁调节器传递函数框图及各环节参数。

A.1.1.12　有关 PSS（电力系统稳定器）等稳定装置参数。

A.1.1.13　有关 AGC（自动发电控制）控制参数。

A.1.2　继电保护和安全自动装置

A.1.2.1　电流互感器、电压互感器的出厂电气参数，主要包括电流互感器的变比、误差（角度误差及数量上的误差）和额定负载；电压互感器的变比、误差（角度误差及数量上的误差）和额定负载。

A.1.2.2　发电机、变压器、线路、母线、高压电抗器、开关以及短引线等保护的配置图、通道连接图、二次原理接线图及厂家的配屏图。

A.1.2.3　安全自动装置的配置图、通道连接图、原理展开图、组屏图。

A.1.2.4　各种继电保护和安全自动装置（含同期装置）的技术说明书。

A.1.3　通信

A.1.3.1　通信初步设计文件。

A.1.3.2　通信施工图设计资料，包括通信光缆、设备（包括运行端设备配置）、网管、时钟、公务配置资料。

A.1.3.3　通信业务需求及本期业务接入设计方案。

A.1.3.4　根据通信业务管理规定要求提交通信业务申请单。

A.1.4　自动化

A.1.4.1　设计资料：原理图、安装图、技术说明书、远动信息参数表、设备和电缆清册等。

A.1.4.2 设备资料：设备和软件的技术说明书、操作手册等。

A.1.4.3 工程资料：

A.1.4.3.1 合同中的技术规范书、设计联络和工程协调会议纪要、现场施工调试方案等。

A.1.4.3.2 远动信息总表：包括遥信表（信息点名、是否具有SOE）、遥测表（信息点名、测量回路 TA、TV 变比、变送器参数、工程转换系数等），遥控、遥调点和控制参数等。

A.1.4.3.3 验收测试资料：包括厂站监控系统出厂验收报告，远动装置自测试报告，现场验收测试大纲。

A.1.4.3.4 自动化新设备接入调度自动化系统联调方案。

A.2 新设备投运后 1 个月内，工程组织单位应向调控机构报送的技术资料：

A.2.1 系统与一次设备

A.2.1.1 电气参数的实测值。

A.2.1.2 110kV 及以上线路实际长度及实测参数 R_1、R_0、X_1、X_0、B_1、B_0、X_m（平行线路互感）。

A.2.1.3 110kV 及以上变压器实测正序、零序电抗值。

A.2.1.4 新投入设备对电网运行的特殊要求及事故处理规程。

A.2.1.5 机、炉最大、最小出力，正常和事故开停机炉时间及增减出力速度。

A.2.1.6 机组进相、迟相试验与振动区试验报告。

A.2.1.7 发电厂、变电站现场运行规程。

A.2.2 继电保护和安全自动装置

A.2.2.1 继电保护二次原理接线图的竣工图纸或修改说明。

A.2.2.2 安全自动装置控制策略表及逻辑框图、安装接线竣工图。

A.2.3 通信

A.2.3.1 工程竣工图纸、资料。

A.2.3.2 设备竣工验收测试资料。

A.2.3.3 光缆竣工验收测试资料。

A.2.3.4 技术说明书。

A.2.3.5 通信资源配置资料以及配线资料。

A.2.3.6 设备硬件配置、软件配置、网管配置资料。

A.2.4 自动化

A.2.4.1 符合实际情况的现场安装接线图、原理图和现场调试、测试记录。

A.2.4.2 符合实际运行的软件资料，如程序框图、文本及说明书、软件介质及软件维护记录簿等。

A.2.4.3 厂站自动化系统或远动装置竣工资料，验收报告，备品备件清单，遗留问题清单等。

附录 B　北京电网设备调度编号原则

B.1　电网设备调度编号总则

B.1.1　为规范北京电网设备的调度编号，强化运行管理，特制定本原则。

B.1.2　本原则适用于北京电网 6kV 及以上各电压等级电网。

B.1.3　电网设备不能同期全部投产的，在设备编号时，应按终期设计规模进行编号。

B.1.4　北京电网内变电站及线路的命名以名称不重复，形音不近似，不违反公序良俗为基本原则。

B.1.5　北京电网内设备应严格依据本原则进行调度编号，遇特殊情况应与市调协商确定，不得随意创新设备编号。

B.2　变电站的命名

B.2.1　以当地地域名或当地有代表性的其他名称作为变电站名，同时应充分考虑由此产生的线路命名的合理性。

B.2.2　变电站名称从立项规划阶段到最终投入运行原则上应保持一致，不得随意变更，确需变更时应经调控机构确认。

B.2.3　变电站名称最终以启动会命名为准。

B.3　变压器的编号

B.3.1　变压器编号以变压器的低压侧套管为基准面向高压侧套管，由左向右、由前向后，顺序编号为 1 号、2 号、…。

B.4　线路的命名

B.4.1　10kV（6kV）线路，原则上以所供用户命名。

B.4.2　35kV 及以上线路，两侧变电站站名中各取一个字构成线路名，一般电源侧在前、负荷侧在后。同一座变电站不同电压等级的线路名原则上选取不同的字。

B.4.3　220kV 线路，原则上由两侧变电站站名中各取头一个字构成线路名。

B.4.4　同一开关接两条线路，该开关按双重线路名命名。

B.4.5　线路带有支线时，在主线路名后加支线所带变电站站名中的第一个字及"支"字构成支线路名（T 接在支线上的线路，其线路命名亦按此规律）。

B.4.6　双回线路一回、二回命名规定：以电源侧厂站为基准，面向线路，按左一、右二的顺序原则进行编号。

B.4.7　双母线接线时，正常方式下开关应按单双号分别运行在不同母线。

B.4.8　同一变电站的双回进线或出线，正常方式下其开关应运行在不同母线（单母线、3/2 接线除外）。

B.5　母线的编号

B.5.1　母线编号应与主变压器位号相对应，10kV 母线编号应与高（或中）压侧母线编号相对应。

B.5.2　单母线分段接线形式的母线编号以变压器为基准，面向线路从左向右顺序编号。母线为环形接线的，原则上按顺时针方向顺序编号。

B.5.3　单母线统一编号为 3 号母线。两分段母线左侧编号为 4 号母线（对应小位号变），右侧为 5 号母线。三分段母线从左向右依次编号为 3 号、4 号、5 号母线。四分段母线从左向右依次编号为 3 号、4 号、5 号、6 号母线。

B.5.4　主变压器中（低）压侧主开关为分叉接线的，所带母线分为 A、B 两段。

B.5.5　双母线统一编号为 4 号、5 号母线，并规定靠近线路侧母线为 4 号母线，靠近变压器侧母线为 5 号母线。双母线双（或单）分段时，规定将该母线分为甲、乙两段。

B.5.6 3/2 接线（220kV 电压等级）统一编号为 4 号、5 号母线。

B.5.7 旁路母线编号：10kV 统一编号为 1 号母线，35kV 及以上的统一编号为 6 号母线。若旁路母线分段，则母线编号为：1 甲号、1 乙号…（10kV）；6 甲号、6 乙号（35kV 及以上）。

B.6 开关的命名

B.6.1 开关编号的第一位数字或前两位数字表示电压等级。"22" 表示 220kV，"1" 表示 110kV，"3" 表示 35kV，"2" 表示 10kV，"6" 表示 6kV。

B.6.2 220kV 线路开关编号为 4 位数字，110kV、10kV 线路开关编号为 3 位数字，35kV 线路开关编号根据出线开关数分别采用两位数字或 3 位数字。

B.6.3 配电开关的编号顺序：

B.6.3.1 配电开关柜为单列布置的，站在开关柜前，面对开关柜，由左向右顺序编号。

B.6.3.2 配电开关柜为双列布置的，站在主变压器低压侧主开关柜前，顺时针转动方向顺序编号。

B.6.3.3 配电开关柜为环形布置的，按母线号由小到大递增方向（同号母线由 A 到 B 方向）顺序编号。

B.6.4 35kV 及以上线路开关编号顺序：以变压器为基准，面向线路，由左向右（小位号线路开关对应小位号主变压器开关）顺序编号。

B.6.5 线路开关的具体编号规定：

B.6.5.1 110kV、220kV 线路开关编号后两位为线路顺序号，从 11 开始编号（2211、2212、…）。

B.6.5.2 35kV 线路开关在 10 回以内时，线路开关采用两位编号形式，最后一位为线路顺序号，从 1 开始编号（31、32、…）。若出线超过 10 回，采用 3 位编号形式，后两位为线路顺序号，从 11 开始编号（311、312、…）。

B.6.5.3 10kV 线路开关编号的第二位数用以区分不同段母线，

根据母线出线路数及单母线分段数具体情况而定，第三位数为线路顺序号（0~9）。

（1）单条母线出线不超过 10 回，编号的第二位数为 1，代表第一段母线；编号的第二位数为 2，代表第二段母线。以此类推。

（2）单条母线出线不超过 20 回，编号的第二位数为 1 和 2，代表第一段母线；编号的第二位数为 3 和 4，代表第二段母线。以此类推。

（3）全站 10kV 间隔超过 99 个，开关编号升至千位，第一位数字 2 代表电压等级，第二位数字（原则上应与母线号相同，分段母线为同一母线号）用以区分不同母线，第三、四位数为线路顺序号（00~99）。例：2311、2312，以此类推。

（4）10kV 站用变压器、消弧线圈、接地电阻、电容器、电抗器等开关与线路开关统一编号。

（5）在 10kV 编号顺序中遇有与母联开关编号相同的号应去掉。

B.6.6　主变压器开关编号规定：后两位数分别为 0 和主变压器调度号。

B.6.7　母联开关的编号规定：后两位数依次为相邻母线号（母线为环形接线的，按顺时针方向顺序编号）。

B.6.8　旁路开关的编号规定：6kV、10kV 旁路开关按配电出线开关原则执行；35kV 及以上旁路开关后两位数依次为主母线号和旁路母线号。

B.6.9　3/2 接线（220kV 电压等级）开关编号，第三位数为"串"序位号，第四位数为开关顺序号（1~3）。

B.7　刀闸的编号

B.7.1　刀闸编号一般应在刀闸号前加"-"。开关两侧刀闸的编号应在刀闸号前加开关的调度号，三工位刀闸按其工位功能分解为两个普通刀闸（母线刀闸、接地刀闸）。

B.7.2 TV 刀闸统一编号为 9。

B.7.2.1 母线 TV 刀闸在母线号后加 9，110kV 及以上在母线号前加注电压等级代码。10kV 侧编号为 49、59、…，35kV 侧编号为 4–9、5–9、…，110kV 侧编号为 14–9、15–9、…，220kV 侧编号为 224–9、225–9、…。

B.7.2.2 线路侧 TV 刀闸取该线路开关的调度号并在末尾加 9（33–9）。

B.7.3 避雷器刀闸统一编号为 8。

B.7.3.1 母线上避雷器刀闸在母线号后加 8，110kV 及以上在母线号前加注电压等级代码。10kV 侧编号为 48、58、…，35kV 侧编号为 4–8、5–8、…，110kV 侧编号为 14–8、15–8、…，220kV 侧编号为 224–8、225–8、…。

B.7.3.2 主变压器引线上的避雷器刀闸，在该侧主变压器开关号后加 8（101–8）。

B.7.3.3 主变压器中性点上的避雷器刀闸，在 8 后面加变压器位号（8–1）。

B.7.4 站用变压器刀闸统一编号为 0。

B.7.4.1 母线上的站用变压器刀闸在母线号后加 0（50）。

B.7.4.2 线路侧站用变压器刀闸，取该线路开关的调度号并在末尾加 0（31–0）。

B.7.5 若避雷器与 TV 或站用变压器公用一组刀闸，按 TV 或站用变压器规定编号。

B.7.6 线路开关两侧刀闸的编号：

B.7.6.1 线路侧刀闸统一编号为 2。

B.7.6.2 母线侧刀闸按母线号编，如 4 号母线为 4，5 号母线为 5。

B.7.6.3 进线开关带转供线路的，其分支刀闸编号为 21、22（111–21）。

B.7.7 主变压器开关两侧刀闸的编号：

B.7.7.1　变压器开关母线侧刀闸按母线号编。

B.7.7.2　变压器开关的主变侧刀闸统一编号为2。

B.7.7.3　单元接线（线路变压器组）主变压器高压侧开关变压器侧刀闸统一编号为3。

B.7.7.4　内桥接线主变压器高压侧刀闸按其所接母线号编写，并在刀闸前加主变压器开关号（101–4）。

B.7.8　旁路母线刀闸编号按旁路母线号编，10kV的为1，35kV及以上的为6。

B.7.9　3/2接线（220kV电压等级）刀闸编号：

B.7.9.1　靠母线侧开关的母线侧刀闸按母线号编，另一侧刀闸规定为3。

B.7.9.2　某串中间开关的两侧刀闸分别按两侧母线号对应编写。

B.7.9.3　线路（或变压器）引线刀闸规定为2。

B.7.10　10kV消弧线圈刀闸编号，统一规定为011、021、031、…。

B.7.11　35kV消弧线圈刀闸编号接1号变压器的1号消弧线圈为01，接2号变压器的2号消弧线圈为02，1号、2号消弧线圈间联络刀闸为12，依此类推（3号、4号消弧线圈间联络刀闸为34）。

B.7.12　接地刀闸统一编号为7。

B.7.13　母线上的接地刀闸在母线号后加7，110kV及以上加注电压等级代码，若同一母线装有2组及以上接地刀闸，则7后面再加1、2、…。10kV侧编号为47、57、…，35kV侧编号为4–7、5–7、…，110kV侧编号为14–7、15–7、14–71、14–72、…，220kV侧编号为224–7、225–7（若220kV母线只有一组接地刀闸，且与10kV配电224–7、225–7同号，则将220kV母线接地刀闸编为24–7、25–7）。

B.7.14　开关间隔接地刀闸编号：

B.7.14.1　开关母线刀闸侧接地刀闸在7前面再加母线号（111–47），开关2号刀闸侧接地刀闸在7前面再加2（111–27）。

B.7.14.2 开关 2 号刀闸线路侧（主变开关为变压器侧）接地刀闸在 7 前面再加 1（111-17）。

B.7.14.3 主变压器中性点上的刀闸，在 7 后面加变压器位号，220kV 侧在 7 前再加 2（27-1、7-1）。

B.7.15 母线分段刀闸的编号：

B.7.15.1 单条母线分段刀闸的编号，统一按母联开关编号原则在母联开关号后加母线调度号（155-5 甲）。

B.7.15.2 旁路母线分段刀闸编号统一规定 10kV 为 11，35kV 为 66。

B.7.16 电容器四联接地刀闸在开关调度号后加 17（211-17）。

B.7.17 三工位刀闸按其工位功能分解为两个普通刀闸（母线刀闸、接地刀闸），并遵照《北京电网设备调度编号原则》进行命名。

附录 C 三相标准电力变压器额定电流表
（见表 3）

| 表 3 | | | | 三相标准电力变压器额定电流 | | | | | | （A） |

S_N \ I \ U_N	6.3	6.6	10.5	11	35	38.5	110	115	121	220
60	5.5	5.2	3.3	3.1						
1000	92	87	55	52						
1250	115		69		20.6					
1600	147		88		26.4					
1800	165		99		29.7					
2000	184		110		33					
2400	220		132		39.6					
2500	229		138		41.2					
3000	275		165		49.5	45				
3150	289		173		52					
3200	293		176		52.8					
4000	367		220		66					
4200	385		231		69.3	63				
5000	459	438	275	263	82.5					
5600	513		308		92.5					
6300	578	552	347	331	104					
7500	689	656	412	393	123.5					
8000	734	700	440	420	132	120	42			

续表

S_N \ U_N → I ↓	6.3	6.6	10.5	11	35	38.5	110	115	121	220
10000	918	874	550	525	165	150	52.5			
12500	1147	1095	688	656	206	188				
15000	1377	1312	824	788	247	225				
16000	1468	1401	881	839	264	240				
20000	1835	1750	1100	1050	330	300				
25000	2293	2189	1376	1312	412	375				
31500	2890	2755	1732	1655	520	472				
40000	3670	3504	2202	2098		600				
40500			2227	2125		607				
45000			2474	2361		675				
50000		4374		2625		750				
60000	5505	5255	3300	3150		900				
63000	5780	5518	3468	3307		946				
80000			4400			1200				
100000			5500			1500	525			262
120000			6600			1799	630			315
125000			6880			1876	656			328
150000			8248		2474	2249	787			394
180000			9898	9448	2969	2699	945			472
200000			10997					1004		525
240000			13196	12596				1205		630
250000			13747		3750	4124		1255		656
400000	109970							6024		3159

注　1. 表中所有三绕组变压器三侧容量比均按 100∶100∶100。

　　2. 当三绕组变压器三侧容量比按 100∶100∶50 或 100∶100∶40 时，将表中三绕组变压器低压侧电流数值分别乘以 0.5 或 0.4。

　　3. 表中电压 U_N、容量 S_N 的单位分别为 kV、kVA。

附录 D 故障后变压器允许负载系数
（见表 4）

表 4　　　　　　　故障后变压器允许负载系数

变压器容量	故障前负载系数	环境温度（℃）							
		40	30	20	10	0	−10	−20	−25
<100MVA	0.7	1.80	1.80	1.80	1.80	1.80	1.80	1.80	1.80
	0.8	1.76	1.80	1.80	1.80	1.80	1.80	1.80	1.80
	0.9	1.72	1.80	1.80	1.80	1.80	1.80	1.80	1.80
	1.0	1.64	1.75	1.80	1.80	1.80	1.80	1.80	1.80
	1.1	1.54	1.66	1.78	1.80	1.80	1.80	1.80	1.80
	1.2	1.42	1.56	1.70	1.80	1.80	1.80	1.80	1.80
≥100MVA	0.7	1.45	1.50	1.50	1.50	1.50	1.50	1.50	1.50
	0.8	1.42	1.48	1.50	1.50	1.50	1.50	1.50	1.50
	0.9	1.38	1.45	1.50	1.50	1.50	1.50	1.50	1.50
	1.0	1.34	1.42	1.48	1.50	1.50	1.50	1.50	1.50
	1.1	1.30	1.38	1.42	1.50	1.50	1.50	1.50	1.50
	1.2	1.26	1.32	1.38	1.45	1.50	1.50	1.50	1.50

附录 E　架空线路运行数据

架空线允许载流量见表 5。

表 5　　　　　　　　　　架空线允许载流量　　　　　（A）

导线型号	载流量	
	25℃	40℃
LGJ–95	335	271
LGJ–120	380	308
LGJ–150	445	360
LGJ–185	515	417
LGJ–240	610	494
LGJ–300	710	575
LGJ–400	800	648
LGJ–630	1130	915
2XLGJ–185	1030	834
2XLGJ–240	1220	988
2XLGJ–300	1420	1150
2XLGJ–400	1690	1369
2XLGJ–630	2260	1831

导线型号	载流量	
	25℃	40℃
4XLGJ-300	2840	2050
4XLGJ-400	3380	2738
普通耐热 185	772	626
普通耐热 240	915	741
普通耐热 300	1065	863
普通耐热 400	1200	972
超耐热 185	1030	834
超耐热 240	1220	988
超耐热 300	1420	1150
超耐热 400	1600	1296
特耐热 185	1133	917
特耐热 240	1342	1087
特耐热 300	1562	1265
特耐热 400	1760	1426

附录 F　电缆线路运行数据

F.1　10kV 三芯铝缆允许载流量（见表 6）

表 6　　　　　10kV 三芯铝缆允许载流量　　　　（A）

绝缘类型	不滴流纸		交联聚乙烯			
钢铠	有铠装		无铠装		有铠装	
电缆导体最高工作温度（℃）	70		90			
敷设方式	空气中	直埋	空气中	直埋	空气中	直埋
电缆导体截面积（mm²）　25	63	79	100	90	100	90
35	77	95	123	110	123	105
50	92	111	146	125	141	120
70	118	138	178	152	173	152
95	143	169	219	182	214	182
120	168	196	251	205	246	205
150	189	220	283	223	278	219
185	218	246	324	252	320	247
240	261	290	378	292	373	292
300	295	325	433	332	428	328
400	—	—	506	378	501	374
500	—	—	579	428	574	424
土壤热阻系数（℃·m/W）	—	1.2	—	2		2
环境温度（℃）	40	25	40	25	40	25

注　本表摘自《北京电网运行设备过温过载指导意见》（京电运检〔2018〕61 号）。

F.2　10kV 三芯铜缆允许载流量（见表 7）

表 7　　　　10kV 三芯铜缆允许载流量　　　　（A）

绝缘类型	不滴流纸		交联聚乙烯			
钢铠	有铠装		无铠装		有铠装	
电缆导体最高工作温度（℃）	70		90			
敷设方式	空气中	直埋	空气中	直埋	空气中	直埋
电缆导体截面积（mm²）　25	63	79	100	90	100	90
35	77	95	123	110	123	105
50	92	111	146	125	141	120
70	118	138	178	152	173	152
95	143	169	219	182	214	182
120	168	196	251	205	246	205
150	189	220	283	223	278	219
185	218	246	324	252	320	247
240	261	290	378	292	373	292
300	295	325	433	332	428	328
400	—	—	506	378	501	374
500	—	—	579	428	574	424
土壤热阻系数（℃·m/W）	—	1.2	—	2	—	2
环境温度（℃）	40	25	40	25	40	25

注　本表摘自《北京电网运行设备过温过载指导意见》（京电运检〔2018〕61 号）。

F.3　1.15 倍负载系数时 10kV 三芯铝缆允许载流量（见表 8）

表 8　　1.15 倍负载系数时 10kV 三芯铝缆允许载流量　（A）

绝缘类型		不滴流纸		交联聚乙烯			
钢铠		有铠装		无铠装		有铠装	
电缆导体最高工作温度（℃）		70		90			
敷设方式		空气中	直埋	空气中	直埋	空气中	直埋
电缆导体截面积（mm²）	25	72	91	115	104	115	104
	35	89	109	141	127	141	121
	50	106	128	168	144	162	138
	70	136	159	205	175	199	175
	95	164	194	252	209	246	209
	120	193	225	289	236	283	236
	150	217	253	325	256	320	252
	185	251	283	373	290	368	284
	240	300	334	435	336	429	336
	300	339	374	498	382	492	377
	400	—	—	582	435	576	430
	500	—	—	666	492	660	488
土壤热阻系数（℃·m/W）		—	1.2	—	2	—	2
环境温度（℃）		40	25	40	25	40	25

　　注　本表摘自《北京电网运行设备过温过载指导意见》（京电运检〔2018〕61 号）。

F.4 1.15 倍负载系数时 10kV 三芯铜缆允许载流量（见表 9）

表 9 1.15 倍负载系数时 10kV 三芯铜缆允许载流量 （A）

绝缘类型	不滴流纸		交联聚乙烯			
钢铠	有铠装		无铠装		有铠装	
电缆导体最高工作温度（℃）	70		90			
敷设方式	空气中	直埋	空气中	直埋	空气中	直埋
电缆导体截面积（mm²） 25	93	117	148	134	148	134
35	114	141	182	163	182	156
50	136	165	217	185	209	178
70	175	205	264	225	257	225
95	212	251	325	270	317	270
120	249	291	372	304	365	304
150	280	326	420	331	412	325
185	323	365	481	374	475	366
240	387	430	561	433	553	433
300	438	482	642	493	635	487
400	—	—	751	561	743	555
500	—	—	859	635	852	629
土壤热阻系数（℃·m/W）	—	1.2	—	2	—	2
环境温度（℃）	40	25	40	25	40	25

注 本表摘自《北京电网运行设备过温过载指导意见》（京电运检〔2018〕61 号）。

附录 G　调度术语示例

G.1　主要电气设备名称表（见表 10）

表 10　　　　　　　主要电气设备名称

编号	设备名称	调度标准名称
1	汽轮发电机、水轮发电机、柴油发电机、燃气轮机	×号机
2	锅炉	×号炉
3	母线：发电厂和变电站中，线路和其他电气元件间的总连接线。分为主母线和旁路母线	×（甲、乙）号母线
4	开关：油断路器、空气断路器、SF$_6$断路器等各种型式断路器的通称	×××开关
5	母线联络断路器	母联×××开关
6	母线与旁路母线的联络断路器	旁路×××开关
7	母线联络断路器兼母线与旁路母线的联络断路器	母联×××开关（用作母联时）旁路×××开关（用作旁路时）
8	隔离开关	×××刀闸
9	变压器中性点接地用隔离开关	主变（××kV）中性点刀闸
10	避雷器隔离开关	避雷器刀闸

编号	设备名称	调度标准名称
11	电压互感器隔离开关	电压互感器刀闸（××kV ×9TV 刀闸）
12	开关小车	××× 开关小车
13	隔离小车或 TA 小车	刀闸（× 号刀闸）
14	待用间隔	待用 ×× 开关
15	变压器：系统主变压器	× 号主变
	发电厂厂用变压器	× 号厂变
	变电站站用变压器	× 号站用变
	系统联络变压器	× 号联变
	系统接地变压器	× 号接地变
	用户站用变压器	× 号配变
16	封闭式组合电器	封闭式组合电器（GIS）
17	电流互感器	电流互感器（TA）
18	电压互感器	电压互感器（TV、CVT）
19	电缆	电缆
20	调相机	× 号调相机
21	并联补偿电容器	电容器
22	并联补偿电抗器	并联电抗器
23	限流电抗器	限流电抗器
24	避雷器	避雷器
25	消弧线圈	× 号消弧线圈
26	接地电阻	接地电阻
27	耦合电容器	耦合电容器

续表

编号	设备名称	调度标准名称
28	阻波器	阻波器
29	备用电源自动投入装置	自投
30	远方切机装置	远方切机装置
31	振荡解列装置	振荡解列装置
32	过负荷联切装置	过负荷联切装置
33	稳定控制装置	稳定控制装置
34	电力系统稳定器	系统稳定器（PSS）
35	故障录波装置	故障录波器
36	功角测量单元	功角测量单元（PMU）
37	负荷开关：10kV 配电线路上的开断设备如 SF_6 开关、真空开关、自动分段器等的通称	×××负荷开关
38	用户分界负荷开关	用户分界负荷开关
39	三工位隔离开关（刀闸）	又称三工位刀闸，常用于全封闭组合电器（GIS）或复合电器（PASS）中，并不是一个单独的产品。所谓三工位是指 3 个工作位置：①隔离开关主断口接通的合闸位置；②主断口分开的分闸位置；③接地侧的接地位置。三工位隔离开关用的是一把刀，一把刀的工作位置在某一时刻是唯一的，不是在主闸合闸位置，就是在分闸位置或接地位置
40	大电流限流开断器	限流电抗器并联装设快速隔离器、特种高压限流熔断器、高压电子控制器等智能限流装置，整套智能限流装置合并命名为大电流限流开断器，简称限流开断器

编号	设备名称	调度标准名称
41	电子式互感器	一种测量装置,由连接到传输系统和二次转换器的一个或多个电流或电压传感器组成,用于传输正比于被测量的量,以供给测量仪器、仪表和继电保护或控制装置
42	合并单元	用以对来自二次转换器的电流和/或电压数据进行时间相关组合的物理单元。合并单元可是互感器的一个组成件,也可是一个分立单元
43	智能终端	一种智能组件。与一次设备采用电缆连接,与保护、测控等二次设备采用光纤连接,实现对一次设备(如断路器、刀闸、变压器等)的测量、控制等功能
44	站域保护控制系统	基于智能变电站网络数据共享,综合利用站内多间隔线路、元件的电气量、开关量信息,采用网采、网跳方式实现站内保护冗余、优化、补充及安全自动装置控制功能的设备,可由一台或若干台装置构成

G.2 主要调度术语解释(见表 11)

表 11 主要调度术语解释

编号	操作术语	含义
1	报数:幺、二、三、四、五、六、七、八、九、零(注:用于接地刀闸的"7"读作"拐")	1, 2, 3, 4, 5, 6, 7, 8, 9, 0

续表

编号	操作术语	含义
2	发输变电主设备	电力系统中的发、输、变、配电一次主设备。包括锅炉、汽轮机、燃气轮机、发电机、电力线路、母线、变压器、开关、刀闸、无功补偿设备（调相机、电容器、电抗器等）、消弧线圈、接地电阻等
3	调度许可	设备由下级调控机构管辖，但在进行有关操作前（检修申请另行办理）必须报告上级值班调控员，并取得其许可后才能进行
4	操作许可	值班调控员对其所管辖的电气设备，在变更状态操作前，由现场运行值班人员提出操作项目和要求，值班调控员许可其操作
5	调度指令	值班调控员对各厂站、线路运行、检修人员发布的指示和操作任务，在正式下令前必须冠以"命令"两字
6	重复指令	受令者接受指令之后向发令者重复一遍操作指令。重复时必须冠以"重复指令"四字。发令者确认无误后受令者方可执行
7	下施工令	值班调控员向运行值班人员或线路停发电要令人发布允许施工的命令
8	要施工令	运行值班人员或线路停发电要令人向值班调控员要允许施工的命令
9	完工交令	停发电要令人（包括厂站运行值班人员）向值班调控员汇报工作已结束、设备具备送电条件、可以送电的报告。报告前应将开闭设备恢复到要施工令时的运行方式
10	完工报时	指10kV及以下线路上的停电工作，由施工停发电要令人自行操作能控制电源的，且无他人配合工作也不涉及高压路灯电源的，可采取操作许可，将停发电时间统一报告调控员的方法

编号	操作术语	含义
11	开工时间	值班调控员下达施工命令的时间
12	完工时间	值班调控员收到设备检修工作完工报告的时间
13	合上开关	将开关由分闸位置转为合闸位置
14	拉开开关	将开关由合闸位置转为分闸位置
15	合上刀闸	将刀闸由断开位置转为接通位置（含将小车型刀闸由备用或检修位置推入运行位置）
16	拉开刀闸	将刀闸由接通位置转为断开位置（含将小车型刀闸由运行位置拉至备用或检修位置）
17	开关小车推入	将开关小车由备用或检修位置推入运行位置
18	开关小车拉出	将开关小车由运行位置拉至备用或检修位置。 注：开关小车（或刀闸小车）的运行位置指两侧插头已经插入插嘴（相当于刀闸合好）；备用位置指两侧插头离开插嘴但小车未拉出柜外（相当于刀闸断开）；检修位置则指小车已拉出柜外
19	待用间隔	一次配备有断路器、两侧刀闸（或小车式开关、刀闸）的完整间隔，且一端已接入运行母线而另一端尚未连接送出线路的间隔。待用间隔二次设备包括控制回路、远动回路、防误闭锁装置等应一次性安装完毕并经验收合格
20	倒母线	将母线上所接线路、变压器等元件从所在的一条母线倒至另一条母线上运行
21	恢复原方式	一、二次设备的运行状态与工作前（或操作前）一致

续表

编号	操作术语	含义
22	开关两侧	开关至两侧刀闸之间
23	开关外侧	开关至线路侧刀闸、主变开关至母线侧刀闸之间
24	开关内侧	开关至母线侧刀闸、主变开关至变压器侧刀闸之间
25	开关线路侧	开关（小车柜或无线路侧刀闸）至线路引线之间
26	刀闸线路侧	刀闸至线路引线之间
27	刀闸母线侧	刀闸至母线引线之间
28	刀闸开关侧	刀闸至开关引线之间
29	刀闸 TV 侧	刀闸至 TV 一次引线之间
30	标示牌	指在刀闸（含开关小车）操作把手上悬挂的"禁止合闸，线路有人工作"的标示牌
31	力率	发电机的功率因数 $\cos\phi$，当电流滞后电压，滞相用"–"，当电流超前电压，进相用"+"
32	过负荷	线路、主变等电气设备的电流超过规定的运行限额
33	设备异常拉路	设备发生异常情况（如过温、过负荷），危及设备安全运行时，需采取的紧急拉路措施。值班调控员下令前应冠以"设备异常拉路"
34	事故拉路	危及系统及设备安全稳定运行时，需采取的紧急拉路措施。值班调控员下令前应冠以"事故拉路"

编号	操作术语	含义
35	发电机旋转备用容量（包括汽轮、水轮、柴油机、燃气轮机）	并网发电机可发电容量与当时实际发电容量之差
36	发电机冷备用状态（包括汽轮、水轮、柴油机、燃气轮机）	发电机已停止运行，但随时可以启动加入运行
37	发电机检修状态（包括汽轮、水轮、柴油机、燃气轮机）	发电机停止运行后，已具备检修条件
38	发电机调相运行	发电机改作调相运行
39	发电机失磁	运行中发电机失去励磁
40	进相运行	发电机或调相机定子电流相位超前其电压相位运行，吸收系统无功
41	滞相运行	发电机或调相机定子电流相位滞后其电压相位运行，向系统送无功
42	发电机升压	调节磁场变阻器，升高发电机定子电压或直流机电压等
43	发电机空载	发电机未并列，但已达到额定转速
44	发电机满载	发电机并入系统后带满到额定出力
45	电气设备的运行状态	设备的开关及刀闸都在合入位置，电源至受电端的电路接通（包括辅助设备如电压互感器、避雷器等）；三工位隔离开关（刀闸）在合闸位置，开关在合闸位置
46	电气设备热备用状态	设备仅开关断开而刀闸仍在合入位置（开关小车、刀闸小车在推入位置），三工位隔离开关（刀闸）在合闸位置，开关在分闸位置

编号	操作术语	含义
47	电气设备冷备用状态	设备的开关及刀闸都在断开位置（开关小车、刀闸小车在拉出位置）。 （1）"开关冷备用"或"线路冷备用"时，接在开关或线路上的电压互感器高低压保险一律取下，高压刀闸也拉开； （2）无高压刀闸的电压互感器低压断开后即处于"冷备用"状态； （3）三工位隔离开关（刀闸）在分闸位置，开关在分闸位置。如果开关仅一侧有三工位刀闸，则需连接的一次设备（线路）无电且各侧有明显断开点
48	电气设备检修状态	设备的所有开关、刀闸均拉开，挂好保护接地线或合上接地刀闸。 （1）三工位开关检修时，其刀闸在接地位置，开关在分闸位置，如果开关仅一侧有三工位隔离开关（刀闸），则需连接的一次设备（线路）无电且各侧有明显断开点； （2）三工位开关所带线路检修时，三工位隔离开关（刀闸）在接地位置，开关在合闸位置，连接的一次设备（线路）无电且各侧有明显断开点； （3）三工位开关所在母线检修时，该母线无接地刀闸，用相应母联开关三工位隔离开关（刀闸）接地，将母线（含母联开关）相应刀闸拉开，相应母联三工位隔离开关（刀闸）转接地位置
49	直流接地	直流系统一极接地
50	直流接地消失	直流系统一极接地消失
51	××开关非全相运行	××开关原在运行状态，由于保护动作（跳闸、重合动作）或在操作过程中拉、合闸等致使开关一相或二相运行

续表

编号	操作术语	含义
52	吹灰	用蒸汽或压缩空气吹清锅炉各受热面上的积灰
53	水压试验	设备检修后进行水压试验，检查是否有泄漏
54	灭火	锅炉运行中由于某种原因引起炉火突然熄灭
55	校验安全门	锅炉压力升至安全门动作压力，检查安全门动作情况
56	打焦	用工具清除火嘴、水冷壁、过热器管，防止结焦
57	排渣	液体排渣，用液体将炉渣从渣炉口排出
58	盘车	用电动机（或手动）带动汽轮发电机组转子缓慢转动
59	低速暖机	汽轮机开机过程中的低转速运行，使汽轮机的本体整个达到一定均匀的温度
60	升速	汽轮机的转速按规定逐渐升高
61	惰走	汽轮机或其他转动机械在停止汽源或电源后继续保持惯性而不加制动
62	主汽门关闭	汽机自动装置动作（或手动）造成自动主汽门关闭
63	冲转	蒸汽进入汽机转子开始转动
64	紧急停机（炉）	设备发生异常情况，不能维持运行而紧急将设备停止运行
65	甩负荷	将载有负荷的发电机的主开关突然断开（事故或试验）负荷甩至零
66	发电机转子接地	发电机转子一点接地

续表

编号	操作术语	含义
67	发电机静子接地	发电机静子一点接地
68	发电机转子漏水	发电机转子冷却水发生泄漏
69	发电机静子漏水	发电机静子冷却水发生泄漏
70	开机	将汽（水）轮发电机组启动
71	停机	将汽（水）轮发电机组停用
72	点火	燃料在锅炉炉膛内引燃
73	并炉	锅炉升火至标准汽压汽温与其他热力系统并列运行
74	停炉	锅炉与其他热力系统隔绝后不保持汽温汽压
75	系统振荡	电力系统并列的两部分间或几部分间失去同期，使系统中的电压表、电流表、有功表、无功表发生大幅度有规律的摆动现象，振荡中心及附近的电压大幅度下降，发电机伴有嗡嗡声
76	波动	电力系统的频率或电压瞬时下降或上升并立即恢复正常
77	摆动	电力系统的电压表和电流表发生有规律的小幅摇摆现象
78	失步	同一系统中运行的两电源间失去同步
79	并列	发电机或局部系统与主系统同期后并列为一个系统运行
80	解列	发电机或局部系统与主系统脱离成为独立系统运行
81	自同期并列	发电机与系统（或两个系统间）用自同期法并列运行

编号	操作术语	含义
82	非同期并列	发电机与系统（或两个系统间）不经同期检查即并列运行
83	跳闸	设备由于保护或自动装置动作等原因从接通位置变为断开位置（开关或主汽门等）
84	合环	合上网络内某开关将设备改为环路运行
85	同期合环	经同期检定后合环
86	解环	拉开网络内某开关将设备改为非环路运行
87	并网	将发电机或调相机与电网同期并列
88	验电	用校验工具验设备是否带电
89	定相	新建、改建的线路，变电所（站）在投运前核对三相标志与运行系统是否一致
90	核相	用仪表或其他手段对两电源或环路相位检测是否相同
91	检查相序	用检验工具核对电源的相序
92	零起升压	利用发电机将设备从零起渐渐增加电压至额定电压
93	保护运行	将保护功能压板投入，其跳闸出口投入，保护可动作跳闸（启动失灵）、发中央信号等
94	保护停用	将保护功能压板退出，保护不动作跳闸（不启动失灵）、不发中央信号
95	保护改投信号	将保护功能压板投入，跳闸出口（启动失灵出口）退出（可与线路对侧保护传送数据），保护启动后不动作跳闸，可发中央信号
96	退运	指设备在冷备用状态或检修状态，保护及安全自动装置在停用状态时，值班调度员下令该设备退出系统运行

续表

编号	操作术语	含义
97	试送成功	指开关跳闸时，手动合上该开关后发出正常
98	试送不成功	指开关跳闸时，手动合上该开关后保护又动作跳闸
99	试停	在查找接地过程中，利用拉合开关试停线路。其术语统一用试停×××开关
100	试送	线路故障可能未自动消除，合上该开关后有可能跳闸
101	××××（地址）××××负荷开关合好	将某地某编号的负荷开关由分闸位置转为合闸位置
102	××××（地址）××××负荷开关拉开	将某地某编号的负荷开关由合闸位置转为分闸位置
103	××××（地址）××××刀闸合好	将某地某编号的刀闸由断开位置转为接通位置
104	××××（地址）××××刀闸拉开	将某地某编号的刀闸由接通位置转为断开位置
105	××××（地址）电动合上××××分段器（联络分段器）	用电动操作手柄将分段器由分闸位置转为合闸位置
106	××××（地址）电动拉开××××分段器（联络分段器）	用电动操作手柄将分段器由合闸位置转为分闸位置
107	××××（地址）手动合上××××分段器（联络分段器）	用手动操作杆将分段器由分闸位置转为合闸位置
108	××××（地址）手动拉开××××分段器（联络分段器）	用手动操作杆将分段器由合闸位置转为分闸位置

编号	操作术语	含义
109	××××（地址）××××分段器（联络分段器）自动装置停用	将自动分段器由自动转为手动运行状态
110	××××（地址）××××分段器（联络分段器）自动装置运行	将自动分段器由手动转为自动运行状态
111	××××（地址）××××分段器自动改手动	事故处理时分段器在分闸状态由自动位置改为手动位置

附录 H　典型操作指令示例

H.1　单项操作指令示例

H.1.1　开关、刀闸、开关小车的操作

H.1.1.1　拉开（或合上）××（设备或线路名）×××（开关号）开关

　　例：拉开南毛 121 开关

H.1.1.2　拉开（或合上）××（设备或线路名）×××（开关号）的 × 刀闸

　　例：合上南毛 121-2 刀闸

H.1.1.3　将 ××（设备或线路名）××× 开关小车拉出（或推入）

　　例：将母联 245 开关小车拉出

H.1.2　挂拆地线

H.1.2.1　在 ××（设备或线路名）××× 开关线路侧挂地线

　　例：在天航 32 开关线路侧挂地线

H.1.2.2　拆 ××（设备或线路名）××× 开关线路侧地线

　　例：拆天航 32 开关线路侧地线

H.1.2.3　在 ××（设备或线路名）××× 开关的 × 刀闸 TV 侧挂地线

　　例：在君南 116-9 刀闸 TV 侧挂地线

H.1.2.4　拆 ××（设备或线路名）××× 开关的 × 刀闸 TV 侧地线

　　例：拆君南 116-9 刀闸 TV 侧地线

H.1.2.5　在 ××（设备或线路名）××× 开关的 × 刀闸开

关侧挂地线

例：在母联 145–4 刀闸开关侧挂地线

H.1.2.6 拆××（设备或线路名）×××开关的×刀闸开关侧地线

例：拆母联 145–4 刀闸开关侧地线

H.1.2.7 在××kV×号母线上挂地线

例：在 110kV 4 号母线上挂地线

H.1.2.8 拆××kV×号母线上地线

例：拆 110kV 4 号母线上地线

H.1.2.9 在×××kV×9 刀闸 TV 侧挂地线

例：在 110kV 49 刀闸 TV 侧挂地线

H.1.3 定相、核相

H.1.3.1 在××（设备或线路名）×××开关处核相

例：在 1 号变 201 开关处核相

H.1.3.2 在××（设备或线路名）×××（开关号）的×刀闸处核相

例：在南毛 121–2 刀闸处核相

H.1.3.3 用××kV×9、×9TV 二次定相

例：用 10kV 49、59TV 二次定相

H.1.3.4 用××kV×9、×9TV 二次核相

例：用 10kV 49、59TV 二次核相

H.1.4 解列、并列

H.1.4.1 用××（设备或线路名）×××开关解列

例：用母联 145 开关解列

H.1.4.2 用××（设备或线路名）×××开关同期并列

例：用母联 145 开关同期并列

H.1.5 解环、合环

H.1.5.1 用××（设备或线路名）的×××开关解环

例：用母联 145 开关解环

H.1.5.2　用 ××（设备或线路名）的 ××× 开关合环

例：用母联 145 开关合环

H.1.6　保护操作

H.1.6.1　××（设备或线路名）的 ×× 开关 ×× 保护，改跳 ××（设备或线路名称）的 ×× 开关

H.1.6.2　××（设备或线路名）的 ×× 开关 ×× 保护，改跳本身开关

H.1.6.3　×××（设备或线路名）××（类型）保护由跳闸改投信号

例：2 号变重瓦斯保护由跳闸改投信号

H.1.6.4　×××（设备或线路名）××（类型）保护由信号改投跳闸

例：2 号变重瓦斯保护由信号改投跳闸

H.1.6.5　×××（设备或线路名）××（类型）保护运行

例：1 号变差动保护运行

H.1.6.6　×××（设备或线路名）××（类型）保护停用

例：1 号变差动保护停用

H.1.6.7　××kV 母差保护改投选择性

例：110kV 母差保护改投选择性

H.1.6.8　×××kV 母差保护改投非选择性

例：110kV 母差保护改投非选择性

H.1.7　安全自动装置改变操作

H.1.7.1　×××（开关号）自投运行

例：245 自投运行

H.1.7.2　×××（开关号）自投停用

例：245 自投停用

H.1.7.3　跳 ×××（开关号）投 ×××（开关号）自投改跳 ×××（开关号）投 ×××（开关号）

例：跳 113 投 145 自投改跳 114 投 145

H.1.7.4　跳 × × ×（开关号）投 × × ×（开关号）自投运行

　　例：跳 112 投 145 自投运行

H.1.7.5　跳 × × ×（开关号）投 × × ×（开关号）自投停用

　　例：跳 112 投 145 自投停用

H.1.7.6　× ×（设备或线路名）× × ×（开关号）重合闸运行

　　例：南毛 121 开关重合闸运行

H.1.7.7　× ×（设备或线路名）× × ×（开关号）重合闸停用

　　例：南毛 121 开关重合闸停用

H.1.8　线路、设备跳闸后送电

H.1.8.1　试送 × ×（设备或线路名）× × × 开关

　　例：试送南毛 121 开关

H.1.9　给新线路或新变压器冲击

H.1.9.1　用 × ×（设备号或线路名）× × × 开关对 × ×（设备或线路名）冲击 n 次，最后一次无问题不拉开（或 n 次后拉开（设备或线路名）× × × 开关）

　　例：用南毛 121 开关对线路冲击 3 次，最后一次无问题不拉开

H.1.10　变压器改分头

H.1.10.1　将 × 号变压器（高压或中压）侧分头由 ×（或 × × kV × 挡）改为 ×（或 × × kV × 挡）

　　例：将 2 号变压器高压侧分头由 4 改为 7

H.1.11　试送（或试停）× ×（设备或线路名）× × × 开关

　　例：试送通平 36 开关

H.1.12　× × kV × 号消弧线圈分头放 ×

　　例：10kV 1 号 PC 分头放 4

H.1.13　合上（或拉开）× × kV × × 负荷开关

　　例：合上 35kV 01 负荷开关

H.1.14　取（或上）× × kV × × TV（或所内）二次保险

　　例：取 10kV 49TV 二次保险

地区电网调度控制管理规程

H.1.15 取（或上）×××（开关号）的 9（或 0）TV（或所内）二次保险

例：取 112 的 0 所内二次保险

H.1.16 线路操作

H.1.16.1 拉开（或合上）××（线路名杆号）×××（开关、负荷开关号）开关（或负荷开关）

例：拉开城关 25 号杆 1234 号开关

H.1.16.2 拉开（或合上）××（线路名杆号）×××（刀闸号）刀闸

例：拉开城关 24 号杆 234 号刀闸

H.1.16.3 电动合上（或拉开）××（线路名杆号）××× 分段器（联络分段器）

例：电动合上城关 25 号杆 3195 号分段器

H.1.16.4 手动合上（或拉开）××（线路名杆号）××× 分段器（联络分段器）

例：手动合上城关 25 号杆 3195 号分段器

H.1.16.5 （线路名杆号）×××× 分段器（联络分段器）自动装置停用（或运行）

例：城关 25 号杆 3195 号分段器自动装置停用

H.1.17 配电自动化装置改变操作

H.1.17.1 ×××（开关号）自动装置运行

例：10kV 杨梅竹路 K2740 开关自动装置运行

H.1.17.2 ×××（开关号）自动装置停用

例：10kV 杨梅竹路 K2740 开关自动装置停用

H.1.17.3 现场操作电动合上 ×××× 开关

例：10kV 杨梅竹路电动合上 K2740 开关

H.1.17.4 现场操作电动拉开 ×××× 开关

例：10kV 杨梅竹路电动拉开 K2740 开关

H.1.17.5 现场操作手动合上 ×××× 开关

148

例：10kV 杨梅竹路手动合上 K2740 开关

H.1.17.6　现场操作手动拉开 ×××× 开关

例：10kV 杨梅竹路手动拉开 K2740 开关

H.2　调度综合指令示例和解释

H.2.1　变压器

H.2.1.1　× 号变由运行转检修

例：1 号变由运行转检修

（拉开该变压器的各侧开关、刀闸，在该变压器可能来电的各侧合接地刀闸或挂地线，含合拉中性点刀闸）

H.2.1.2　× 号变由检修转运行

例：1 号变由检修转运行

（拆除该变压器的各侧地线或拉开接地刀闸，合上各侧刀闸及开关，含合拉中性点刀闸）

H.2.1.3　× 号变由运行转热备用

例：1 号变由运行转热备用

（拉开该变压器的各侧开关，含合拉中性点刀闸）

H.2.1.4　× 号变由热备用转运行

例：2 号变由热备用转运行

（合上该变压器上除有检修要求不能合或方式明确不合的开关以外的各侧开关，含合拉中性点刀闸）

H.2.1.5　× 号变由运行转冷备用

例：1 号变由运行转冷备用

（拉开该变压器各侧开关，拉开该变压器各侧刀闸，含合拉中性点刀闸）

H.2.1.6　× 号变由冷备用转运行

例：2 号变由冷备用转运行

（合上该变压器各侧除有检修要求不能合或方式明确不合的刀闸、开关以外的刀闸、开关，含合拉中性点刀闸）

H.2.1.7　× 号变由热备用转冷备用

例：1 号变由热备用转冷备用

（拉开该变压器各侧刀闸）

H.2.1.8　×号变由冷备用转热备用

例：1 号变由冷备用转热备用

（合上该变压器除有检修要求不能合或方式明确不合的刀闸以外的各侧刀闸）

H.2.1.9　×号变由热备用转检修

例：2 号变由热备用转检修

（拉开该变压器各侧开关的刀闸，在该变压器可能来电的各侧挂地线或合接地刀闸）

H.2.1.10　×号变由检修转热备用

例：2 号变由检修转热备用

（拆除该变压器的各侧地线或拉开接地刀闸，合上该变压器除有检修要求不能合或方式明确不合的刀闸以外的各侧刀闸）

H.2.1.11　×号变由冷备用转检修

例：2 号变由冷备用转检修

（在该变压器可能来电的各侧挂地线或合接地刀闸）

H.2.1.12　×号变由检修转冷备用

例：2 号变由检修转冷备用

（拆除该变压器的各侧地线或拉开接地刀闸）

H.2.2　开关

H.2.2.1　××（设备或线路名）×××开关由运行转检修

例：清里一 117 开关由运行转检修

（拉开该开关及两侧刀闸，在开关两侧挂地线）

H.2.2.2　××（设备或线路名）×××开关由检修转运行

例：清里一 117 开关由检修转运行

（拆除该开关两侧地线，合上该开关的两侧刀闸，合上该开关）

H.2.2.3　××（设备或线路名）×××开关由运行转冷备用

　　例：清里一117开关由运行转冷备用

　　（拉开该开关及两侧刀闸）

H.2.2.4　××（设备或线路名）×××开关由冷备用转运行

　　例：清里一117开关由冷备用转运行

　　（合上该开关的两侧刀闸，合上该开关）

H.2.2.5　××（设备或线路名）×××开关由热备用转检修

　　例：清里一117开关由热备用转检修

　　［拉开该开关的两侧刀闸，在开关两侧挂地线（或合上接地刀闸）］

H.2.2.6　××（设备或线路名）×××开关由检修转热备用

　　例：清里一117开关由检修转热备用

　　［拆除该开关的两侧地线（或拉开接地刀闸），合上该开关两侧刀闸］

H.2.2.7　××（设备或线路名）×××开关由热备用转冷备用

　　例：清里一117开关由热备用转冷备用

　　（拉开该开关的两侧刀闸）

H.2.2.8　××（设备或线路名）×××开关由冷备用转热备用

　　例：清里一117开关由冷备用转热备用

　　（合上该开关两侧刀闸）

H.2.2.9　××（设备或线路名）××开关由冷备用转检修

　　例：清里一117开关由冷备用转检修

　　［在该开关两侧挂地线（或合上接地刀闸）］

H.2.2.10　××（设备或线路名）××开关由检修转冷备用

　　例：清里一117开关由检修转冷备用

　　［拆除该开关两侧地线（或拉开接地刀闸）］

H.2.2.11　旁路×××开关由热（冷）备用转代××（设备

或线路名）×××开关运行，××（设备或线路名）×××开关由运行转检修（含投代路保护及重合闸）

例：旁路146开关由热（冷）备用转代清里一117开关运行，清里一117开关由运行转检修

H.2.2.12 ××（设备或线路名）×××开关由检修转运行，旁路×××开关由代××（设备或线路名）×××开关运行转热（冷）备用

例：清里一117开关由检修转运行，旁路146开关由代清里一117开关运行转热（冷）备用

H.2.2.13 三工位刀闸：××开关由冷备用转线路检修

例：甲路235开关由冷备用转线路检修

［开关连接的一次设备（线路）应无电且各侧有明显断开点，将235开关的三工位刀闸转接地位置，将235开关转合闸位置］

H.2.2.14 三工位刀闸：××开关由线路检修转冷备用

例：甲路235开关由线路检修转冷备用

［开关连接的一次设备（线路）应无电且各侧有明显断开点，将235开关及其三工位刀闸转分闸位置］

H.2.3 母线

H.2.3.1 ××kV×号母线由运行转检修

例：110kV 4号母线由运行转检修

（1）双母线接线：将该母线上所有元件倒到另一母线，拉开母联开关及其刀闸，并在该母线上挂地线（或合上接地刀闸）。

（2）单母线接线：将该母线上所有的开关及其刀闸拉开，并在该母线上挂地线（或合上接地刀闸）。

H.2.3.2 ××kV×号母线由检修转运行

例：110kV 4号母线由检修转运行

（1）双母线接线：拆除该母线上的地线（或拉开接地刀

闸），合上母联开关及其刀闸。

（2）单母线接线：拆除母线上的地线（或拉开接地刀闸），合上与该母线相连的可以恢复运行开关及其刀闸。

H.2.3.3 ××kV×号母线由运行转热备用

例：110kV 4号母线由运行转热备用

（1）双母线接线：将该母线上所有元件倒到另一母线运行，拉开母联开关。

（2）单母线接线：拉开该母线上运行的所有开关。

H.2.3.4 ××kV×号母线由热备用转运行

例：110kV 4号母线由热备用转运行

（1）双母线接线：合上母联开关。

（2）单母线接线：合上与该母线相连的可以恢复运行的开关。

H.2.3.5 ××kV×号母线由运行转冷备用

例：110kV 4号母线由运行转冷备用

（1）双母线接线：将该母线元件倒到另一母线，拉开母联开关及其刀闸。

（2）单母线接线：将该母线上所有开关及其刀闸拉开。

H.2.3.6 ××kV×号母线由冷备用转运行

例：110kV 4号母线由冷备用转运行

（1）双母线接线：合上母联开关及其刀闸。

（2）单母线接线：合上与该母线相连的可以恢复运行的开关及其刀闸。

H.2.3.7 ××kV×号母线由热备用转检修

例：110kV 4号母线由热备用转检修

［拉开母线上所有刀闸，在该母线上挂地线（或合上接地刀闸）］

（1）双母线接线：拉开母联（分段）开关的两侧刀闸、TV 一次侧刀闸，在该母线上挂地线（或合上接地刀闸）。

（2）单母线接线：将母线上所有刀闸断开，在该母线上挂地线（或合上接地刀闸）。

（3）母线上开关刀闸为三工位刀闸设备：将母线及母联开关相应刀闸拉开，相应母联开关三工位刀闸转接地位置。

H.2.3.8　××kV×号母线由检修转热备用

例：110kV 4号母线由检修转热备用

（1）双母线接线：拆除该母线地线（或拉开接地刀闸），合上母联开关的两侧刀闸。

（2）单母线接线：拆除该母线地线（或拉开接地刀闸），合上与该母线相连的可以恢复热备用的所有开关的刀闸。

（3）母线上开关刀闸为三工位刀闸设备：将母线及母联开关相应三工位刀闸转合闸位置。

H.2.3.9　××kV×号母线由检修转冷备用

例：110kV 4号母线由检修转冷备用

［拆除该母线上地线（或拉开接地刀闸）］

H.2.3.10　××kV×号母线由冷备用转检修

例：110kV 4号母线由冷备用转检修

［在该母线上挂地线（或合上接地刀闸）］

H.2.3.11　将××kV母线倒为正常方式

例：将110kV母线倒为正常方式

（将母线倒为规定的正常分配方式）

H.2.3.12　将×××开关倒b号母线（双母线）

例：将清里一117开关倒5号母线

（母联开关应在合闸位置，合上×××开关的b号母线刀闸后，再拉开该开关原所在的a号母线刀闸）

H.2.3.13　将××kVa号母线负荷倒××kVb号母线（双母线）

例：将110kV 4号母线负荷倒110kV 5号母线

（母联开关应在合闸位置，将a号母线上的所有开关倒到b号母线上运行）

H.2.3.14 将××kV a 号母线原负荷倒回（双母线）

例：将 110kV 4 号母线原负荷倒回

（母联开关应在合闸位置，将 a 号母线上原有开关倒回该母线运行）

H.2.3.15 ××kV× 号母线及旁路 ×× 开关由备用转检修（旁路母线及旁路开关）

例：35kV 6 号母线及旁路 30 开关由备用转检修。

（先将旁路母线转为检修状态，然后将该旁路开关转为检修状态）

H.2.3.16 ××kV× 号母线及旁路 ×× 开关由检修转备用（旁路母线及旁路开关）

例：35kV 6 号母线及旁路 30 开关由检修转备用

［拆除该旁路母线及旁路开关上所有地线（或拉开接地刀闸），然后将该旁路母线及旁路开关转为备用状态］

H.2.4 消弧线圈

H.2.4.1 ××kV× 号消弧线圈分头由 a 改 b

例：35kV 1 号 PC 分头由 1 改 2

（先将该消弧线圈退出运行，改完分头后再投入该消弧线圈）

H.2.5 三工位隔离开关（刀闸）

H.2.5.1 ×× 开关由冷备用转线路检修

例：甲路 235 开关由冷备用转线路检修

［开关连接的一次设备（线路）应无电且各侧有明显断开点，将 235 开关的三工位隔离开关（刀闸）转接地位置，将 235 开关转合闸位置］

H.2.5.2 ×× 开关由线路检修转冷备用

例：甲路 235 开关由线路检修转冷备用

［开关连接的一次设备（线路）应无电且各侧有明显断开点，将 235 开关及其三工位隔离开关（刀闸）转分闸位置］

H.2.5.3　10kV×× 号母线及 ×× 母联开关由热备用转检修

　　例：10kV 3A 号母线及母联 253 开关由热备用转检修

　　［将母线及母联开关相应刀闸拉开，相应母联开关三工位隔离开关（刀闸）转接地位置］

H.2.5.4　10kV×× 号母线及 ×× 母联开关由检修转热备用

　　例：10kV 3A 号母线及母联 253 开关由检修转热备用

　　［将母线及母联开关相应三工位隔离开关（刀闸）由接地位置拉开，并转合闸位置］

附录 I　各种刀闸允许操作范围表（正常情况）

I.1　35kV~110kV 电压等级的刀闸操作（见表 12）

表 12　　　　　　电压等级的刀闸操作

名称		110kV 带消弧角三连刀闸	35kV 带消弧角三连刀闸	35kV 室外单刀闸	35kV 室内单刀闸	GW5 室外三连刀闸
拉合空载变压器		20000kVA	5600kVA		1000kVA	5600kVA
拉合充电线路	架空		32km	12km	5km	
	电缆					
拉合人工接地后无负荷接地线路			20km	12km	5km	

I.2　10kV 刀闸拉合空载电缆线路长度（见表 13）

表 13　　　　10kV 刀闸拉合空载电缆线路长度

截面（mm²）	3×35	3×50	3×70	3×95	3×120
室外单刀闸（m）	4400	3900	3400	3000	2800
室内三连刀闸（m）	1500	1500	1200	1200	1000
截面（mm²）	3×150	3×185	3×240	3×300	
室外单刀闸（m）	2500	2200	1900	1500	
室内三连刀闸（m）	1000	800			

附录 J　影响远方试送的异常告警信息

设备发生故障后，值班调控员可开展远方试送，当存在以下影响正常运行的异常告警信息不得远方试送。

一、一次设备异常告警信息

（1）断路器 SF_6 气压低闭锁报警。

（2）断路器油压低闭锁分闸报警。

（3）断路器油压低闭锁合闸报警。

（4）断路器油压低闭锁重合闸报警。

（5）断路器 N_2 泄漏闭锁报警。

（6）断路器气压低闭锁分闸报警。

（7）断路器气压低闭锁合闸报警。

（8）断路器气压低闭锁重合闸报警。

（9）断路器弹簧未储能报警。

（10）断路器非全相保护出口。

（11）断路器第一（二）组控制回路断线报警。

（12）断路器第一（二）组控制电源消失报警。

（13）断路器汇控柜直流电源消失。

（14）断路器气室 SF_6 气压低闭锁报警。

二、二次设备异常告警信息

（1）保护装置故障、异常报警（闭锁）。

（2）保护 TA 断线报警。

（3）保护 TV 断线报警。

（4）保护装置通道异常报警。

（5）智能终端装置异常报警（智能变电站）。

（6）合并单元装置异常报警（智能变电站）。

三、集中监控功能（系统）异常

（1）开关远方操作到位判断条件不满足两个非同样原理或非同源指示"双确认"条件。

（2）厂站通道中断等影响远方操作的缺陷或异常。

附录 K 短时间停用保护审批权限表（见表 14）

表 14　　　　　短时间停用保护审批权限

序号	保护类型	值班调度员可批的时间	调控处可批的时间	调控中心可批的时间	备　注
1	变压器主、后一体保护为双重化配置	其中一套 2h	其中一套 4h	其中一套 8h	
2	变压器主、后备、非电量保护为单套配置	1h	2h	4h	只能同时批准停用其中一种保护，且应天气良好
3	母线保护双重化配置	其中一套 2h	其中一套 4h	其中一套 8h	应天气良好
4	母线保护单套配置	1h	2h	4h	应天气良好
5	开关失灵保护	1h	2h	4h	应天气良好
6	220kV 及以上线路保护双重化配置	其中一套 2h	其中一套 4h	其中一套 8h	
7	110kV 及以上线路单套配置保护	1h	2h	4h	应天气良好
8	35kV 及以下线路保护	1h	2h	4h	应天气良好
9	小电阻接地系统的接地变压器保护	1h	2h	4h	应天气良好

附录 K 短时间停用保护审批权限表

序号	保护类型	值班调度员可批的时间	调控处可批的时间	调控中心可批的时间	备 注
10	并联电容器的保护	1h	2h	4h	应天气良好
11	并联电抗器的保护	1h	2h	4h	应天气良好
12	自动重合闸	2h	4h	8h	应天气良好
13	备用电源和备用设备的自动投入装置	1h	2h	4h	应天气良好（电缆线路可除外）
14	现场施工防振跳闸或带电处理装置异常	全停保护10min	全停保护20min	全停保护30min	应天气良好
15	直流系统查找接地	保护瞬时全停			
16	各种保护新投运及校验后测相量	保护可按现场工作要求停用			应天气良好